绿满长河

——黄河流域生态建设见闻录

韩志孝 著

黄河水利出版社

·郑 州·

图书在版编目(CIP)数据

绿满长河：黄河流域生态建设见闻录／韩志孝著
. — 郑州：黄河水利出版社,2022.6
ISBN 978-7-5509-3295-1

Ⅰ. ①绿… Ⅱ. ①韩… Ⅲ. ①黄河流域-生态环境建
设-研究 Ⅳ. ①X321. 22

中国版本图书馆 CIP 数据核字(2022)第 088553 号

出 版 社：黄河水利出版社   网址：www.yrcp.com
     地址：河南省郑州市顺河路黄委会综合楼 14 层 邮政编码：450003
发行单位：黄河水利出版社
     发行部电话：0371-66026940、66020550、66028024、66022620(传真)
     E-mail：hhslcbs@ 126. com
承印单位：河南金河印务有限公司
开本：787mm×1 092mm 1/16
印张：18
字数：200 千字   印数：1—1 000
版次：2022 年 6 月第 1 版   印次：2022 年 6 月第 1 次印刷

定价：45. 00 元

前　言

　　有水的地方，就会有生命。相对于黄河流域而言，水的重要性关乎国家安全、生态安全和粮食安全，《绿满长河》一书反映了黄河流域水滋润下整个区域经济发展的巨大变化。不管是青海的生态保护与修复，还是甘肃、宁夏、内蒙古、陕西、山西的工农业用水，以及河南、山东的粮食安全，我们看到无数的水的故事和绿的变化，这是水资源严重缺乏的黄河流域最让人欣慰的改变。

　　黄河流域各省（区）第一、二产业占比较高，经济发展与生态保护"争水"现象突出，水资源短缺成为制约生态修复、能源开发和粮食发展的关键要素。构建黄河流域"水-能源-粮食"协同安全体系、安全框架尤为重要，而水资源的高效利用成为这个体系和框架的核心之核心。在《绿满长河》里，我们不难发现，各地合理实施黄河流域生态安全、粮食生产、能源利用与水资源调适路径和发展模式是值得肯定和鼓励的。黄河流域作为"水-能源-粮食"矛盾突出且集中的典型区域，各省（区）对水资源的合理利用、节约理念越来越重视。在大家的共同努力下，齐心协力推动上下游、左右岸、干支流的能源开发、生态环境、粮食生产等协同安全观念已达到前所未有的共识。

　　《绿满长河》一书有很多反映黄河流域灌区和能源基地巨大变化的精彩文章。改革开放至今，黄河流域已成为我国

1

重要的粮食生产基地,2020年黄河流域粮食总产量达2.39亿吨,占全国粮食总产量的35.6%,河套灌区、黄淮海平原、汾渭平原都是我国农产品主产区,堪称"中华粮仓"。黄河流域也是我国重要的能源基地,煤炭、石油、天然气和有色金属资源丰富,煤炭储量占全国一半以上,是保障我国能源安全的核心地区。细读《绿满长河》,你可以惊喜地看到,黄河流域工农业生产的传统高污染、高耗能发展模式已得到实质性改观。在"十三五"期间,流域各省(区)坚持以习近平新时代中国特色社会主义思想为指导,深入落实习近平总书记"节水优先、空间均衡、系统治理、两手发力"治水思路和关于治水重要讲话指示批示精神,在流域"节水"的道路上,流域管理机构和地方政府深刻认识到水资源短缺成为制约能源、生态和粮食发展的关键要素,各方克服困难,大力推行最符合当地条件下的各种节约水资源和合理调整农作、生产方式,以四两拨千斤的力量撬动流域经济社会的和谐发展。

《绿满长河》一书从节水、产业机构调整等方面着眼,结合"水-能源-粮食"的安全大体系,从细微处强调了这个安全体系一定要树立"大局观、长远观、整体观",坚持保护优先,坚持节约资源和合理长远发展,推动流域整体形成绿色发展方式和生活方式。习近平总书记在青海视察时嘱托让绿水青山永远成为青海的优势和骄傲,造福人民、泽被子孙。同样,黄河流域其他省(区)的能源和粮食发展,也一定要发挥优势,造福人民。

《绿满长河》一书,写足了青海、甘肃、宁夏、内蒙古、陕西、山西、河南、山东围绕黄河水做文章的可喜变化,充分展示了黄河流域各省(区)的高质量发展同满足人民美好生活需要紧密结合起来的诸多实践,把增强黄河流域"水-能源-粮食"纽带系统生态承载能力、树立山水林田湖草沙生命共同体理念结合到一起,讴歌了黄河流域的绿色发展、环境自愈能力和区域整体经济社会效益。同时,我们也读到了促进黄河流域地区产业由资源消耗型产业向环境友好、资源集约型产业的本质性转变,也看到了实现黄河流域地区资源要素的协同发展,即以产业融合、城乡融合、要素融合为导向,统筹推进黄河流域产业结构优化、城乡协调发展、资源要素互通,实现整个区域的高质量发展的可喜局面和广大人民对美好生活的向往。

　　从河源至河尾,伴着一路奔腾的长河,笔者用一曲曲绿色的赞歌颂扬了流域各省(区)经济社会发展的繁荣景象。该书是笔者主持的 2021 年河南省科技厅重点研发与推广专项:"黄河文化资源数据库建设"(编号:212102310999)的研究成果,也是郑州旅游职业学院 2020 年度立项的校内科研基金项目:"'再生'视阈下公共艺术介入美丽乡村建设的策略研究"(编号:2020-ZDXM-08)的研究成果,是笔者于 2018 年被河南省委组织部评为河南省高层次人才特殊支持"中原千人计划"中原领军人才的专项科研经费支持的项目。

作　者

2022 年 4 月

目　录

第一章　青海篇

一、源头活水话海北

　　青海省海北藏族自治州（简称海北洲）位于青藏高原东北隅，身处祁连山中部，属青藏高原向黄土高原的过渡地带。根据地势特点，可分为祁连山高原区、青海湖北部滨湖地区及大通河（浩门河）河谷区。

　　这片高低起伏、水资源丰富的地区，孕育了"三河（湟水河、大通河、黑河）一湖（青海湖）"，是我国西部地区重要的水源涵养区。

八一冰川（资料图片）

　　在水源涵养区开展水生态文明建设试点工作意义非凡，它不仅关系着涵养区的自然环境与社会发展，更对下游地区的社会发展起着至关重要的作用。如何在源头地区开展好各项试点工作，海北州布下了很大一盘棋。

　　这盘棋以将海北州建设成为西部半干旱高原生态脆弱区、多民族地区、经济欠发达地区的水生态文明示范区为目标，以 2015—2017 年试点期及 2018—2020 年试点提升期为时限，根据海北州的自然地理与陆域生态、河湖水系与水域生态、社会经济与历史发展等特性，划定了四大区域，即祁连山冰川与水源涵养保护区、青海湖湿地生态系统保育区、高原农牧业民生水利发展区、人居集中地水生态文明小镇建设区。四大区域囊括了海北州的山山水水，更囊括了州内的每一寸草场、每一户牧民、每一条湟鱼与每一头牦牛。

在四大区域内，水生态文明建设的具体"承载者"与着手点——祁连山黑河源头八一冰川自然保护与湿地修复、青海湖湖滨湿地保护与沙化土地治理、门源以河道治理为骨干的新农村建设、西海镇金银湖水环境治理与生态长廊建设、刚察县湟鱼保护水生态教育基地等多项重点示范项目已全面展开。短短一年多的时间，海北州部分示范项目工程已全部完工或主体告捷。海北州，在清晰的发展框架下，依托准确、具体、因地制宜的项目，正逐步绽放水生态文明建设试点城市的芳容。

二、祁连山冰川与水源涵养保护区

祁连县政府发出通告：自 2016 年 5 月 1 日起，禁止任何人擅自进入八一冰川，开展旅游观光和户外探险等活动的人员须预先向祁连县旅游局提出申请，并经专业机构培训后，在专业向导的带领下方可进入。

祁连山区作为国家级重要的冰川与水源涵养生态功能区，在加强保护与局部地区治理的同时，更注重加强管理制度的建设，开创了软硬兼施、两手发力、全面保护的新局面。祁连山黑河源头八一冰川自然保护区建设与湿地修复项目便是在祁连山冰川与水源涵养保护区开展的一项重大项目。

祁连冰川

八一冰川也称小沙龙冰川，长 2.2 千米，面积 2.81 平方千米，是黑河干流河源区最大的冰川，末端海拔 4520 米，最高点海拔 4828 米，冰川平均厚度为 54.2 米，冰储量 0.153 立方米。保护区内有冰川、沼泽、河流与草甸等不同类型的生态系统，生物多样性丰富，珍贵物种较多，有国家二级保护动物猞猁、黑熊、野牛、马鹿、原麝、野驴，一级保护鸟类黑颈鹤、金雕等，并有黑河特有鱼类、国家级保护鱼类6种。保护区内自然景观类型多样，原始风景稀有，近年来游客数量激增。为保护与恢复区域内自然环境，2008年，祁连县成立了黑河源头保护工作站，负责整个黑河源头区的生态环境保护与建设。

祁连山黑河源头八一冰川自然保护区建设与湿地修复项目，以建立黑河源头八一冰川自然保护区、恢复其中野牛沟与沙龙沟退化湿地为目的，建设内容包括保护工程、湿地修复工程、科研与监测工程、宣传教育工程、环境保护工程5部分，总投资达1837万元。

此外，启动于2015年9月18日的祁连县环八宝河流域水生态综合治理工程，通过对八宝镇周边地区采取引水灌溉种植人工林等措施，有效提高了水源涵养区的植被覆盖率，为该地区水源涵养能力的提升增加了砝码。

随着各项目的实施，一个个扎实、精准的祁连山水源涵养能力保障行动一一启动，自然保护区建设日臻完善，保护区综合生态功能正呈现逐步增强的良好态势。

三、青海湖湿地生态系统保育区

据资料显示,1955 年设立水位站以来,青海湖水位由 1956 年初的 3197.08 米降至 2004 年的最低水位 3192.75 米,49 年水位共下降 4.29 米。水文监测数据表明:1956—1980 年,青海湖水位平均每年下降 0.13 米,下降速度较快;而 1981—2004 年,水位下降速度明显减小,平均每年下降 0.05 米。2005 年是青海湖由萎缩转为扩张的转折年,至 2015 年初,连续 10 年湖水位持续上升,累计升幅为 1.56 米。

青海湖的向好,不止有统计数据的佐证,还有大家的"眼见为实"。

青海湖湿地生态系统保育区

　　站在青海湖北侧的刚察县仙女湾湿地,抬眼望去,绵长的木栈道跨越大片绿地后,直插入蔚蓝、幽深的青海湖中。走不了几步,栈道两侧的草丛便开始由疏及密,片片绿草迎着阳光恣意挥洒着勃勃生机。再走不远,草丛中似有镜子般反射出耀眼的阳光,大大小小的"镜面"便是一汪汪的清水,湿地由此蔓延。沿着栈道再向前,"镜面"开始一个紧挨着一个,直到完全连通成一大片五彩斑斓的通透"宝石"。随着水面的扩大、水深的增加,从一两条到十几条,再到数不清的"鱼队",青海湖中的主人——湟鱼,开始如迎宾般为我们"推开"了青海湖的大门。

　　远处不知名的水鸟在湿地上起飞又着陆,浅草掩映着它们形态各异的身姿,"水—鱼—鸟"的生态圈在此完美呈现。

　　然而在 2005 年,环青海湖的沙化土地面积约为 1248 平方千米,每年有大约 978 万吨的沙子入湖,在北岸由西向东形成水下沙堤,露出湖面后,阻隔湖湾,形成无法与大湖进行水量交换的子湖,加剧青海湖的咸化;同时,湖滨沙化使鸟类栖息地减少,危及青海湖滨其他珍稀陆生动物的生存环境。

　　国家及时加大对青海湖的治理力度,2007 年 12 月 29 日,国家发展和改革委员会正式批复《青海湖流域生态环境保护与综合治理规划》。主要建设内容包括:通过近 10 年的时间,实施湿地保护、退化草地治理、草原鼠虫害防治、沙漠化土地治理、生态保护林建设、退牧还草、水土保持工程营造灌木林及修建沟头防护设施等,总投资为 15.67 亿元。

　　海北州境内的沙化土地主要分布在海晏县和刚察县,经过近 9 年的治理,林地覆盖率已由原来的 10%～20%提高到了 40%以上,沙岛治理区外围已形成绿色景观带。在水生态文明建设试点期,海北州按照《青海湖流域生态环境保护与综合治理规划》建设末期的任务及当地林业系统的规划,将继续完成治沙造林、封沙育林、工程治沙、退化草地治理、生态移民等多项建设内容,以保持青海湖湿地生态系统保育区的良性发展。

作为青海湖中的"指标物种",湟鱼的数量是青海湖及以其为核心的生态圈健康与否的重要风向标。海北州境内5条入湖河流上的7座鱼道已于湟鱼洄游季前完成了全部施工任务。随着青海湖环境的向好、人们保护珍稀动物意识的提高,湟鱼,这一坚忍不拔的物种在天时、地利、人和的生态环境中迎来了"鱼丁兴旺"的明天。

四、高原农牧业民生水利发展区

走进门源回族自治县泉口镇蔬菜基地，一股现代农业气息扑面而来。一条条耀眼的银色钢架，一排排整齐划一的温室大棚，工人们或在采摘或在装箱辣椒、黄瓜、西红柿、丝瓜、草莓等蔬菜瓜果……在泉口涌翠生态体验走廊等旅游项目的开发中，蔬菜基地将被逐步打造为集蔬菜生产、加工、销售、观光采摘为一体的现代高原冷凉蔬菜生产中心和有机蔬菜标准形成中心。

泉口镇是一个拥有近2万人的人口大镇，辖区内有18个行政村、68个自然村，以农业生产为主，畜牧业生产为辅。近年来，依托境内自然生态和人文民俗资源多样性的有利条件，泉口镇乡村生态旅游业正逐步发展壮大起来。农牧业、旅游业的持续发展离不开水利基础设施与良好的水环境。水生态文明试点建设期间，泉口镇以河道治理为骨干的新农村建设项目在大通河（浩门河）北岸的泉口镇以东，沿浩门河10千米包括6个村1500多户农民的区域内，开展综合中小河流治理工程、新农村建设工程、新农村绿化工程，全面进行生态型新农村综合治理，以此打造门源新农村旅游景点。具体内容包括：河道岸坡整治、环境整治、农村绿化、大棚蔬菜节水灌溉、旅游设施建设等。

高原地区气候寒冷，居民分散，生态保护的任务一定程度上限制了农牧业的发展规模。发展特色农牧业是老百姓改善生活的唯一出路，发挥农牧区水利的基础作用、促进当地经济的发展，是民生水利发展区的主要任务。

同时,农牧区饮水安全工程也是民生水利的重要内容之一。"吃水"是最大的民生。水生态文明试点建设期间,海北州继续巩固前期农牧区饮水安全建设的成果,按照先急后缓、先重后轻、突出重点、分步实施的原则,对农村和牧区进行饮水安全工程建设,逐步解决海晏、门源、刚察、祁连 4 县人、畜饮水安全问题。2015 年,全州紧密结合国家解决藏区特殊原因造成饮水困难的大好机遇,全年共投入资金 1.5 亿元,实施了 53 项工程,解决了近 6.8 万人的饮水问题,使全州 214 个行政村、所有的自然村和 134 处寺院、宗教活动点全部实现安全饮水,通水率达 100%,全州今后的大部分饮水工作逐步转变为"提质增效"环节。

五、人居集中地　水生态文明小镇建设区

为打造"东方小瑞士""天境祁连"旅游品牌,祁连县环八宝河流域水生态综合治理工程(一期牛板筋段)现已完工。通过河道整治,实现了形成水域景观及保证防洪安全的目的,使原有的臭水沟变为岸青水绿的生态河道,美化了周边的生态环境,营造了宜居的生活环境。

海北州是一个少数民族聚集区,州政府所在的西海镇、刚察县沙柳河镇、祁连县八宝镇、门源县浩门镇与海晏县三角城镇都依水而建,保障好防洪、供水安全,加强水污染治理及水资源管理,挖掘民族地区的水文化,支撑生态旅游发展,是这些区域共同面对的任务与未来。

在施工车辆穿梭的西海镇金银湖水环境综合治理工程现场,海北州水利局潘树农科长详细介绍了工程的进展情况。

"这个工程7月11日刚刚正式开工,主要开展水环境治理、水利设施维修加固和水生态建设。"潘树农说,"完工后,可以加强河湖连通,扩大水面,控制入湖泥沙,提高河道的行洪能力、水流动力和自净能力、区域防洪能力。还要重塑河湖生态岸线,恢复河湖自然生态坡岸,通过种植适宜植物,涵养水源、改善水质,增加生物多样性,美化湖区及周边城镇居住环境,为居民和游客提供亲水平台、文化休闲场所。"说起金湖、银湖即将与河流连通的未来,潘树农眼里满是期盼。

而西海镇金银湖水环境综合治理工程其实只是海北州

湟水源区(西海镇段)水生态长廊中的一部分。这项生态长廊建设工程对湟水源区生态进行了系统规划,涵盖了生态修复与保护、水环境综合整治、防洪工程、水源地保护等多项内容,实施范围北起麻皮寺河源头,南至东大滩水库,河道全长78.2千米,重点工程包括达玉湖—麻皮寺河—金银湖水系连通工程、西海镇生态林建设工程、污水处理厂扩建及尾水水质提升工程、莫哎沟水源地规范化建设工程。

除了水利工程,为在西海镇营造良好的人居环境,西海镇、三角城镇还开展了万亩造林绿化工程,提高了人居舒适度。但因西海镇特殊的地理环境,造林成活率很低。为了扭转这一局面,州水利、林业部门开展了"林水会战",开工实施了总投资1500万元的西海镇、三角城镇造林绿化配套灌溉工程,有效保障了造林成活率,巩固了造林成果。

随着各项工程的启动与完工,不日,宁静的高原小镇也能像其他各大水生态文明试点城市一样,拥有"水清、岸绿、景美"的靓丽图景。海北州,这座矗立在茫茫雪域高原的水源之州、生态之州,也必将描绘出与众不同的大美生态画卷。

六、节水农业，丝路上的美丽风景

你能想象吗——漫漫戈壁上长出水嫩欲滴的鲜黄瓜；田间灌溉只需一个按钮便轻松搞定；水明码标价后在用水人之间进行买卖；何时浇灌庄稼不再凭传统经验而由智能化设备根据田间数据精准判定……

是的，这些都是真实的存在！在今日丝绸之路上，节水农业不再是简单的衬砌渠道而已上升到使用先进的科技手段；节水管理不再是简单的单向指令而成为用管双方的共同自觉；节水成就不再是简单的节约一滴水而是让节省下的水发挥更大的使用价值；节水目的不再是简单的缓解用水压力而是实现有限水资源在工业、农业、生活、生态等各个领域的合理配置和高效利用。

历经千年之后，丝路农业亮出精彩纷呈的节水妙招、五彩缤纷的节水"明珠"和一举多赢的节水成效，成为丝绸之路上名副其实的美丽风景。

（一）节水意识由被动走向自觉

2015年10月24日，西宁。一场大型节水座谈之后，青海省水利厅水资源处处长刘锡宁说："最后一个议程，请大家把没有喝完的瓶装水带走，以免浪费。"

刘锡宁这样说，不仅是出于一个水务工作者的工作职责，同时也是一个社会公民的自觉行动。如今，节水已成为丝路沿线省（区）的广泛共识，而共识的形成则是指令、引导、自觉多措发力、长期渐进的结果。

整体性缺水是丝绸之路各省(区)的共同常态,尤其是西北地区(陕西、甘肃、青海、宁夏及新疆维吾尔自治区)水资源总量 2344 亿立方米,仅占全国水资源总量的 8%;多年平均降水量仅 235 毫米,蒸发量却高达 1000~2800 毫米,气候非常干旱。而且,以粮食作物为主的农业结构导致西北地区农业用水比例高达 85%以上,其中宁夏近 90%、新疆吐鲁番市达 95%以上,因水而滋生的争水问题、环境问题、发展问题已剑拔弩张、来势汹汹。

农业节水刻不容缓!节水农业势在必行!

针对严峻的用水形势,丝路沿线各省(区)及时编制了节水型社会建设规划、农业节水发展规划、旱作节水农业发展建设规划,提出了农业节水的目标任务和指令性要求。各地纷纷在农业用水中启动经济杠杆,实行水资源定额控制和差别水价,在常规收费之外,对超额部分实行加价处理,从经济上强化节水指令。新疆哈密、甘肃民乐等地还为农户发放用水 IC 卡或水权证,实行灌溉用水总量控制和定额管理,以确保节水指令落到实处。

指令性节水效果虽好,但总有些强制意味,如何引导农民认同并积极参与节水,转变用水观念呢?新疆哈密市南湖乡水管所根据调查,对沟灌、滴灌种植哈密瓜的水费、化肥、棚膜、人工、产量及经济效益等进行细致对比,得出了膜下滴灌较沟灌亩①节水率 44.44%、亩增加产量 702 千克、亩增加效益 1267.40 元的结论,通过用事实说话,引导农户走高效节水之路。宁夏则率先实行水权转换,让农业用水户从节水中

---

①1 亩 = 0.0667 公顷,下同。

获取收益。以天德葡萄种植有限公司为例:当地农业水价为0.135元每立方米,转换为工业用水后为0.838元每立方米,5000亩葡萄园实行滴灌后一年可节水60多万立方米,水权转换费达40余万元,从而大大增强了农业用水户的节水积极性。

"一滴水就是一滴眼泪,请珍惜水资源。"随着对水资源重要性和利用现状认识程度的不断加深,主动性节水逐渐走上日程。2010年,新疆吐鲁番市在确保三十年责任田不变的情况下,开始实行'退田减水'政策,到2014年底共退田14万亩,关闭机井390多眼。吐鲁番市水利局副局长马兴波算了一笔账:"按一亩地平均一年用水600立方米计算,仅退田一项,吐鲁番几年来便节水8400万立方米。"青海西宁和德令哈市、宁夏吴忠市红寺堡、新疆伊吾县等地还成立农民用水者协会,使农民由水行政管理对象走进用水管理组织体系。西宁市湟源县水务局副局长李进玺说:"农民用水户参与灌区管理,既推进了农业水管体制改革,又增强了农民在用水中的主人翁意识,促进了节约用水,提高了用水效率。"

缺水的地方都在节水,相对不缺水的地方又是如何做的呢? 西安一位高校工作人员说:"我们自己虽然不缺水,但水是宝贵的资源,所以我们也要节水。这是一种社会责任!"

(二)节水技术由传统走向科学

水利是农业的命脉,没有水就没有农业。如何让水最经济、最快捷、最大限度地走进田间,并满足作物生长需要,是丝路上的水务工作者们一直思考、探索的问题。

衬砌渠道是最为传统的节水措施,目的是提高渠系输水系数,减少水在沿途的损失。但让人震撼的是,在甘肃民乐、青海湟源等地,笔者看到的并不是单一、分散的硬化渠道,而是从引水工程开始,干、支、斗渠一直硬化、接力到田间,形成阡陌纵横、蔚为壮观的高原节水渠系。

滴灌、喷灌也是较常见的节水措施。在宁夏的枸杞地、苹果园、农业示范园和新疆的葡萄园、大枣林,随处可见蜿蜒田间的黑色管子。管理人员说:"那是滴灌用的管子,有的还实行水肥一体化,通过管子一次性完成浇水和施肥,让水分和养分直达作物根部,避免浪费。"在宁夏中卫腾格里沙漠边缘和甘肃民乐的农业科技园里,还可看到大型中心支轴式喷灌机,它们集节能、节水、节地、喷洒均匀、规模作业等优势于一体,成为机械化节水作业的先行者。

微喷滴灌是甘肃肃州国家现代农业示范区蔬菜大棚基地的灌溉方式。该基地建在茫茫戈壁滩上,因没有土地,蔬菜就种在人工培育的无土有机质内,靠着微喷滴灌技术,硬是种出了新鲜的黄瓜、娇艳的西红柿等蔬菜。别看大棚里果实累累压枝低,但肃州区水务局局长徐信却说:"我们实行微喷滴灌,棚均日用水 2 立方米,为大田用水量的四分之一。"

新疆还对滴灌技术进行改造,实现了自动化灌溉。在哈密市国家农业科技园区,每眼井都设置有触摸屏操作系统,农户插上用水 IC 卡,点击水井旁触摸屏上的按钮即可进行自动自主灌溉。吐鲁番市红柳河园艺场还将所有闸门连接在田间接收器上,通过无线传输进行远程操作,并可通过电脑和液晶大屏幕全程观看瞬时流量和积累流量,轻点鼠标便可启闭闸门,从而将每一次用水都纳入严格的管控之中。

痕量灌溉技术是哈密市正在进行的一项新型节水灌溉

试验,它能以缓慢的速度将水均匀地作用于作物根部,实现更为精准的灌溉。哈密市水利局节水实验中心主任丁鹏说:"根据目前的试验,痕量灌溉比常规滴灌要节水10%～15%。"

地处河西走廊腹地的甘肃张掖市在节水技术上更胜一筹。甘州区盈科水管所自主研发了滴灌自动化中央控制系统,通过光纤数据传输进行远程灌溉控制,而智能化的灌溉决策系统可搜集田间气象、土壤含水率、蒸发量等数据,判断作物是否缺水,进而为远程灌溉提供更为科学的依据,从而改变了"跟着感觉走"的经验性灌溉或定期轮灌模式,实现了完全意义上的节水灌溉。

(三)节水成效由单一走向多赢

实施农业节水的起因是水资源短缺,最初目的是尽可能满足农业生产需求,但在推行节水农业的过程中,却是"春种一粒粟,秋收万颗子"——农业节水,节出一举多赢的喜人局面。

农业用水下降,用水结构得到调整。吐鲁番市红柳河园艺场属渗透系数很大的戈壁砾石土质,常规渠灌年用水量达2270万立方米,亩灌定额高达1700立方米每亩。高昌区水利局规划办主任李鸣介绍:"大水漫灌时,每年灌溉23～24次,单次灌溉水量为80立方米。改为滴灌后每年灌溉53～54次,单次灌溉水量为10立方米。算下来,亩灌定额下降到600立方米每亩,每年可节水1400多万立方米,节约水费支出130多万元。"这只是丝路各省(区)农业节水的缩影。实施节水农业后,各地的灌溉用水均大幅下降,有效缓解了农业用水压力,农业用水比例得以下降,用水结构也得到相应调整。

　　经济效益提升,节水农民增产增收。2012 年,宁夏贺兰县兰星村人马光杰对承包的 500 亩土地实施滴灌技术,第二年,其种植的蔬菜便一改效益不佳的状况,实现收入过百万元。在相邻的兰光村,村主任杨学文将节水成效形象地概括为"三节约、两提高、一提前"。"三节约"一是亩节约用水 245 立方米;二是种植工序由 6 道变为 3 道,亩均节约用工资金 390 元;三是实现水肥一体化,亩均节省化肥农药费用 65 元。"两提高"一是灌溉水利用系数由 0.42 提高到 0.9 以上;二是种植的西瓜和西红柿亩均增产 750 千克和 1000 千克。"一提前"是相对于传统灌溉,瓜菜上市时间提前 7~10 天,抢占了市场先机。据了解,实行节水灌溉后,兰光村村民人均纯收入由 2006 年的 3930 元提高到现在的 1 万元,村集体收入达到 210 万元,以前的"烂光村"如今变成了当地的"明星村"。

　　生态效益改善,戈壁荒漠呈现绿意。甘肃肃州区地处蒙新荒漠地带,去往肃州国家现代农业示范区的道路两旁全是戈壁沙砾,犹如连绵不绝的建筑垃圾场,但在示范区一排排规整的大棚内,各类蔬菜瓜果新鲜饱满、绿意盈盈、盎然蓬勃,在茫茫戈壁上塑造出了 5000 多亩难得的绿意。宁夏吴忠国家农业科技园外是大片荒原,但园区的日光温室内,五颜六色的红梗菜、生菜、紫玉芹菜在无土栽培基质 U 形槽内焕发生机,新品种小西红柿一嘟噜红、一嘟噜黄地缀满枝头,为荒原平添了无限生机。吴忠市孙家滩开发区苹果基地负责人任方凌介绍,项目区以前以种植玉米为主,冬季土地裸露,一刮风到处尘土飞扬;种植果树后建设了高效节水灌溉工程,"现在三季枝叶繁茂,挂果时景色更美,生态效益非常明显。"

社会效益凸显,农业节水实现多赢。在西北地区,由于葡萄、大枣等产业规模化发展,在种植、管理、采摘及后期加工等方面,为当地用工创造了便利条件,实现了"一业兴带动百人富",宁夏吴忠市孙家滩苹果基地更是为西海固移民提供了难得的就业机会,用他们的话说:"家也顾了,活也干了,钱也挣了。"在宁夏,农业用水节省下来后通过水权转换支持工业建设,工业产出也由原来的 150 元上升到 200 多元,不仅提高了单位水资源的利用效益,而且解决了工业用水约束问题,优化了水资源配置。陕西杨凌现代农业示范区积极打造创新园、农业科技示范园等旅游景区,多次成功举办以绿色、田园、民俗等为主题的现代农业休闲游暨采摘节系列活动,大力发展旅游业,并先后在全国建成 221 个试验示范站(基地),向全国推广现代农业新品种、新技术、新模式,实现了景观效益、生态效益、经济效益和社会效益的有机统一。

毋庸置疑,丝绸之路沿线省(区)特别是西北地区是缺水的,但由于大力实施节水农业,丝路上出现了中国唯一的国家级农业高新技术产业示范区——陕西杨凌、全国重点建设的 12 个重要商品粮基地之一——甘肃张掖、"塞上江南"——宁夏平原、"甜蜜之都"——新疆哈密、"葡萄之乡"——吐鲁番等璀璨夺目的节水"明珠",使这条历经千年的古老商路绽放出新的美丽容颜,重新聚焦了中国发展的关注目光!

七、引大济湟:大坂山里腾"蛟龙"

9月的青海省互助县蔡家堡乡,站在海拔2400余米的一座山头放眼望去,一层层梯田绵延着铺展开去,甚是壮观。

该县水务局总工成钢介绍:"这里是引大济湟北干渠一期工程的配套项目——南门峡四支渠灌溉区,覆盖范围为蔡家堡、西山两个乡镇,灌溉面积6万亩左右。"

这么高的梯田可以实现灌溉?面对疑问,成钢的回答是肯定的,他说:"这都是引大济湟工程的功劳。"

引大济湟就是引大通河水接济湟水河。而大通河与湟水河之间,横亘着庞大的大坂山系褶皱带,两河是如何实现握手的?

(一)湟水呼唤大通河

从《青海省引大济湟工程总体规划图》可以看出,在大坂山与拉脊山之间,湟水河的支流西川河、南川河、北川河从3个方向汇合于西宁,向东经西宁、海东两市,到甘肃省兰州市西注入黄河。

在湟水的滋养下,湟水流域形成了1.6万多平方千米河谷盆地。这块土地虽仅占青海省国土面积的2.22%,却拥有全省55%的耕地面积,其粮食总产量和工农业总产值达到全省的60%,养育着全省60%的人口。湟水河可谓"青海的母亲河"。

然而,母亲也有呵护不到的地方。受地形影响,山区干旱地带的群众始终饱受着缺水之苦。

21

在互助县西山乡刘家沟村,青海省引大济湟工程建设管理局(简称引大济湟管理局)办公室主任马启友告诉我们:"虽是一山之隔,却是两个世界。山南的西宁市受湟水滋润,一派莺歌燕舞;山北地处干旱山区,土地的收成只能看老天爷的脸色,群众用水,就靠水窖收集的雨水。"

互助县是全国唯一的土族自治县,全县大多数耕地集中在干旱、缺水、多灾的浅脑山区。21 世纪初,全县 220 个村的农民收入处在贫困线以下,贫困人口达 25 万多人,占全省贫困人口总数的 17%。该县西部的西山、蔡家堡两乡情况尤为突出。

据说,在干旱山区农村曾有一个怪现象——男女联姻之前,女方不看女婿娃长得精神不精神,也不看家里的房子盖得好不好,只看家里的水窖有几眼、容水量有多少。

可见,水在当地人生活,甚至生命中的分量。但随着经济社会的快速发展,水资源需求不断加码,水资源短缺现象日趋严重,湟水的战略支撑作用也越来越力不从心。特别是在缺水最严重的 2007 年,湟水东段竟出现断流,沿湟农田灌溉一度告急。

"这是很可怕的现象,湟水是黄河上游最大的支流,一旦断流,沿湟地区工农业生产和生活用水怎么办?而且对黄河也有一定影响。"引大济湟管理局计划统计处处长马福印说。

湟水已载不动当地经济社会持续发展的大船,必须寻求新的水资源助力。

其实,早在 20 世纪 50 年代,为缓解湟水干流地区水资源严重匮乏的困境,青海人民就将目光投向了与湟水一山之隔的大通河,萌生了引大济湟的梦想。

大通河是湟水河最大的支流,水量丰沛,年径流量 25 亿立方米左右。然而,奔腾不息的大通河在高山峡谷中穿行,很少顾及周边干旱的土地。

伴着历史前进的脚步,湟水向大通河发出援水呼唤。不料,这一愿望竟跨越了半个多世纪。

(二)让大通河水穿山南来

2016 年 12 月 14 日,是青海人民终生难忘的日子。

这一天,随着引水枢纽闸门缓缓提起,大通河水从青海省门源回族自治县一路逶迤向南,穿越大坂山天堑,向着湟水汩汩而来,将引大济湟跨流域调配水资源的战略构想变成了现实。

"这项工程,从 1958 年开始谋划,几次上马下马,历经波折。只一个调水总干渠,从筹备到建成就用了 10 年时间。"马启友说。

据了解,引大济湟工程由"一总、两库、三干渠"组成。"一总"为调水总干渠,是引大济湟工程的控制性骨干工程;"两库"是位于调水总干渠上、下游的石头峡水库和黑泉水库,主要为调水总干渠提供调水所需水量,为农业和城市供水,同时兼具防洪、发电等功能;"三干渠"是从黑泉水库引出的北干渠一、二期工程和西干渠,通过这些干渠,可以把水资源送往湟水流域的工业、农业、生活、生态等各个领域。

翻开过往岁月,我们看到了一部坚韧不拔的引大济湟奋斗史。

1958 年,青海省决定兴建引大济湟综合利用工程,吹响了工程建设的号角。次年,7000 多名建设者在大坂山麓展开会战,但因投资规模庞大、工程任务艰巨、设备落后、生活困难、劳力严重不足,被迫停建。1965 年,工程再度上马,也因种种原因无奈流产。

20 世纪 80 年代,改革开放的春风再次唤醒引大济湟之梦,青海人民全力展开勘测、规划等前期工作,积极争取国家立项。1996 年,水利部、国家计委先后批复可行性研究报告和初步设计报告,黑泉水库工程获国务院批准建设,拉开了引大济湟工程的建设序幕。2003 年,《引大济湟工程综合规划》最终获水利部批复,同意该工程"一总、两库、三干渠"规划,分批、分期立项建设。获悉规划批复后,青海人民无不欢呼雀跃、奔走相告。

工程建设虽然纳入了国家规划的"大盘子",但大坂山复杂的地质条件还是为施工设置了重重"关卡"。

在全长 24.17 千米的总调水干渠引水隧道施工过程中,因不良地质问题困扰,施工严重受阻。特别是 2008 年,隧道掘进机遭遇特大断层带,开挖过程中先后发生较大卡机 10 余次,4 年半时间只艰难掘进 365 米,直到 6 年后方脱困开掘。

"进入'十三五',引大济湟西干渠工程、湟水北干渠二期工程两个子工程,被列入国家实施的 172 项重大节水供水工程序列,迎来了引大济湟工程建设的新高潮。"马启友说。

在党和政府的关怀下,引大济湟人克服困难、奋楫进发,先后迎来黑泉水库竣工、北干渠扶贫灌溉一期工程配套项目南门峡四支渠工程通水、石头峡水库下闸蓄水、调水总干渠正式通水、北干渠一期干渠工程全面建成等骄人业绩,引大济湟工程体系日臻完善。

马启友说:"工程全部建成运行后,每年可从大通河调水7.5亿立方米补给湟水河,实现农田'旱改水'100万亩,保障东部城市群300万人饮用水、湟水干流各工业园区生产用水、东部百里长廊特色现代农牧业用水,以及生态用水需求。"

(三)"深山蛟龙"润河湟

从引大济湟工程总体规划沙盘上看,蓝色的引水干渠宛如一条"蛟龙",蜿蜒在湟水河谷两岸的山腰上,为地方经济社会发展、沿湟区域生态修复和民族地区民生改善送去了水的福音与恩泽。

有关资料显示:2013年至今,黑泉水库每年保证灌溉用水1.33亿立方米,大通县城和北川河的防洪标准分别提高到20年一遇、50年一遇,共向西宁市第七水厂供水1.53亿立方米,累计发电25.3亿千瓦时,实现了良好的灌溉、防洪、供水、发电效益。

截至目前,引大济湟工程累计向下游河道补水1.8亿立方米,保证了下游河道生态用水。黑泉水库建成后,西宁市年降水量由200多毫米增加到近500毫米。该工程还有效哺育了山区林草,改善了浅山地区的干旱面貌,使湟水流域生态系统逐步恢复,每年可减少入黄泥沙数十万吨。

刘家沟村党支部书记吴治中介绍:"通水前,我们这里平均亩产100千克左右。现在水有了保障,梯田都实行喷灌,亩产增加到300千克左右;人均年收入由10年前的2000元左右发展到7410多元。"

互助县东山乡岔尔沟村是个移民搬迁村。土族村民李进福说:"以前在山里是用骡子驮水吃。现在吃的是自来水,再也不用吃窖水了。"同样从山里搬下来的土族村民席万顺一家,如今住上了宽敞漂亮的大房子。他说:"原来在山上交通难。现在我们离西宁只有 20 多千米,打工很方便,一天可以挣 100 多元,一年能收入一两万元。"

引大济湟德绩重,"深山蛟龙"恩泽长。马启友说,不远的将来,青海省还要规划建设引大济湟南干渠,进一步改善湟水流域资源型缺水问题,使河湟定、西陲固、天下安,让青藏高原的东方门户焕发出新的华彩。

第二章　甘肃篇

一、水"生"景泰川

水对于景泰川的意义,不仅是止渴。在这片昔日荒芜的土地上,凝聚着太多的希望。而对于原先被视为"救命工程"的景泰川电力提灌工程来说,"水润景泰川"的蓝图已是清晰可鉴。

水,在这里已是血液,当然更是灵魂。

(一)望水兴叹的景泰川

好多人讲过景泰川缺水的故事,但总觉得没有这句话听得让人唏嘘。

景泰川灌区鸟瞰

"甘肃人对'天下黄河富宁夏'这句话是既羡慕又嫉妒

啊!"在从景泰县城前往黄河边的五佛的路上,陪同笔者的甘肃省景泰川电力提灌管理局(简称景电管理局)灌溉处副处长何玉琛说。

如果不是没有,如果不是太想得到,何来的羡慕嫉妒呢?

景泰川尽管在宁夏上游,但地势高,许多地方缺乏引水条件,反而得不到黄河水的滋润。千百年来,景泰和古浪人就是这么眼睁睁地看着奔流远去的黄河水而不知所措。

景泰川虽处在祁连山和河西走廊的东端,却不似河西走廊的片片绿洲,尽得祁连雪水的滋润。相反,笼罩它的一直是干旱、风沙与缺水。它虽紧邻黄河,却又高出河床许多,刀楞山让河水从脚下流过,却将景泰川的大片沃野平川藏在了自己身后。

但尽管如此,这片土地上却从未间断过人间烟火。

输水管线

蜿蜒在景泰川境内的长城,诉说了它特殊的地理位置。为抵御外敌,不计其数的屯边移民、戍边士卒及他们的后人与当地人一道,世世代代守在了这里,并渐渐把这里当作了故土。

而这片故土却始终干旱少雨、荒旱连年。翻开历史,大饥、天饥,赤地千里,饥馑荐臻,饿殍载道等写满了县志。"无一时无灾,无一县无灾","旱情地域之广,时间之长,均为全国之冠"……景泰川成了一个罕见的"灾害地区"。

为了摆脱困境,这里的人们也做出过努力。他们打井、建水车,甚至靠人力畜力拉水想让这里的土地长出更多果腹的粮食。然而在这样一个年均降雨量180毫米,年均蒸发量却高达3300毫米的地方,又能有几眼井能提供充足的水源,多少架水车能赶上人口增长、耕地扩大的速度。守着砂田,看着老天的眼色,这里的百姓始终过着"遍地是沙丘,黄风不断头。苦瘠甲天下,十种九不收"的日子。

景泰川人对水的渴望,在178个与水相关的地名中体现得淋漓尽致。"娃娃水、一碗水、喜集水……因为没水,所以把对水的盼望寄托在地名上。"何玉琛说。

干旱与贫穷压得景泰和古浪两县人民抬不起头。生活靠救济、吃饭靠返销,年年拖老携幼逃难到银川、中卫等地去背粮。

当地人对背粮的经历有着刺心般疼痛的记忆。"背粮就是要饭,就是逃荒。"何玉琛说。

在悠长的岁月里,偌大的景泰川上只有骆驼刺、白刺等沙生植物迎风摇曳。

需水、盼水、求水始终是当地政府和群众最迫切的心愿。

有效利用黄河水、建设沿黄提灌工程、改变贫困面貌、改善区域生存环境、遏制生态持续恶化成了地方政府和群众最大的梦想。

(二)景泰川上筑起生命线

在景泰五佛黄河边,何玉琛指着河对岸深情地说:"我家就在那里,那个地方叫仁和村。"

对岸是靖远县,黄河从东往西流过来,拐到我们所站的地方又掉头由西往东。

"这里刚好水流冲过来,引水条件极好。"何玉琛说。

在五佛寺旁,景电工程的一期、二期引水泵站并立在黄河边。

在二期一泵站,泵房内机器轰鸣。副站长王华太告诉笔者:"从3月4日开始,有两台机组开始往民勤调水,截至昨天,已放水近5000万立方米。"

黄河在这里转了个弯,在不远处的五佛寺渡口,一艘渡船正在横渡黄河。

"现在这里安静多了,唯一经久不衰的就是黄河水声和泵站的机器声。但当初建设景电工程的时候,这里可是人山人海。"王华太说。

1969年10月15日,建设景电一期工程在寒风中举行了开工誓师大会,"救命工程"就是在这里拉开了序幕。

在当时的甘肃,建设景电一期工程的确是一项光荣而艰巨的事业。当时,来自水利、农垦、民工团的三方力量汇集景泰,形成了浩浩荡荡的三军大会战,奋战在施工前沿的深山沟里,创造了一个又一个奇迹,工程纪录每天在不停地被刷新。

在修建一期草土围堰过程中,需要 0.5 米以上的麦草或者稻草 240 多万斤[①],10 米长的粗草绳 4 万多根,细草绳 16 万根,这对地处荒滩上的景泰来说是个天大的困难。没有组织、没有命令、没有动员,当地老百姓自发地送草,许多农民把自家盖房子的麦草也送来了。稻草、麦草源源不断地从四面八方聚集到了工地,不到一个月时间,一座座草山便矗立在了盐寺坪。

这里的老百姓饿怕了、穷怕了,提黄河水上荒原,让他们看到了希望,看到了未来,他们和建设者一样,希望尽快将黄河水送到田间地头。

何玉琛说:"说句实在话,如果当年没有李培福,就没有景泰川的今天。"

要把扬程 470 多米的黄河水引上川去,在当时物资匮乏,基本上要什么没什么的甘肃,需要极大的魄力和信心。工程总指挥李培福在建设过程中起到了至关重要的作用。

当年奋战在景电工程一线的建设者达慧中在和笔者聊天时说,李培福当过甘肃省副省长,人们当面称呼他为李主任或李指挥,在背后却喜欢叫他"李老汉",这是西北人对老年人的一种昵称。她说李指挥凭借着他在省里的威信,缺少了钢材、水泥、木料等物资,他到省里去要,连兼职省生产办公室主任的省军区司令员也要让他三分,把建筑材料源源不断地运往工地;中央驻兰州的各大企业领导,在李培福的动员下,按规定如期地提供各种机械设备,承担分配的各项施工任务,因为大家说:"李老汉发了话了。"

---

①1 斤 = 0.5 千克,下同。

达慧中说，景电工程在紧张施工期间，有人说李培福收拢了一大批"牛鬼蛇神"，要的人尽是"臭老九"，不突出政治，不抓阶级斗争，不抓革命，只抓生产。李培福全不管那一套，他说："不用这些知识分子，是你能把水引上来，还是我能把水引上来呀？"

"李培福成了我们当年参与建设的知识分子的保护伞，谁还有不拼命干的道理。"达慧中说。

经过日夜奋战，1971年9月30日22时35分，黄河水到达独山子公路桥，提前25小时25分完成了"国庆上水草窝滩"的任务。又经过继续努力，终于在1974年年底，景电工程一期全部竣工。

在荒芜的戈壁滩上，一期工程的建设者们让13座泵站拔地而起，200余千米的渠道似动脉般延伸。随着"两年上水，三年收益，五年建成"这一奋斗目标的实现，黄河水终于通过泵站，经过管道，跨过渡槽，爬过山冈，穿过隧洞，流进了千年荒滩——景泰川。

按照设计，装机容量6.7万千瓦、总扬程472米的景电一期工程每年为灌区30万亩土地输送1.48亿立方米的黄河水。有了水源保证，景泰川民生凋敝、饥荒连连、经济萧条的一页慢慢翻了过去，15万群众的温饱问题在黄河水的汩汩流淌中荡然无存。景泰县城也因景电工程于1976年由芦阳镇迁到一条山镇，经过40多年的发展，现已成为景泰县城乡经济、政治、社会、文化、贸易、物流及信息交流的中心。

"黄河水可以倒流"的梦想成为现实，沉睡了千年的荒滩终于苏醒了。一期工程的成功，不仅在于显著的经济效益，其社会效益、生态效益同样十分显著。

　　有了黄河水的滋润,景泰人的日子好过了,无论是在农民自己的田间地头上还是在集约化管理的农场,本就肥沃的土壤与黄河水一道书写了一页页粮食增产增收、植被增加、环境渐好的篇章。与景泰川西侧接壤的古浪人羡慕着、期待着,希望有朝一日也能过上这样的日子。

　　在经历了诸多波折之后,1984年7月5日,向古浪伸出援手的景电二期工程正式开工。因为工程要继续向西,穿越高山与沙漠,二期工程依然困难重重,景电人开始了二次创业。

尕海湿地

　　据现任景电管理局局长赵建林介绍,当年景电二期工程开工建设时正值改革开放初期,工程建设任务比一期更加艰巨,提水高度达700多米,设计流量18立方米每秒,灌溉面积52万亩。工程建设难度、当时的施工条件、基础设施等制约因素较多,工程建设者和老一辈景电人发扬"依靠科技、敢为人先、艰苦创业、造福于民"的景电精神,按照投资省、进度快、质量好、效益高的建设方针,采取目标管理、划段承包、招标投标等建设措施,实现了"三年上水、四年受益、十年建成"的奋斗目标。

1990 年 10 月 15 号,景电二期工程总干渠 13 个泵站全线通水,黄河水正式送到 99.618 千米外的南北分水闸。它标志着景电二期工程基本建成。

这一天,古浪 1 万多名群众杀鸡宰羊,耍起社火,敬拜远道而来的黄河水。

不管是当年参与一期还是二期工程建设的人,在景泰川都与当地的群众结下了深厚的情谊。据一位老建设者回忆,饱受缺水之苦的景泰川人在此后常常会将他们新打下的粮食、鸡蛋、水果等农产品送到建设者家里。

一根根蜿蜒而上的管道,一架架过水渡槽,甘肃人的引水梦在苦干中得以实现。据了解,景电工程是一项跨省(区)、高扬程、多梯级、大流量的电力提灌工程,装机容量 25 万余千瓦,共有泵站 43 座,干、支、斗渠 2422 千米,灌溉面积达 110 万亩。延伸在景泰川上的引水渠道就像一条绵延的生命线,为沉睡千年的荒滩注入了生机与活力。

(三)用水利支撑扶贫,景电工程成了"致富工程"

5 月底的景泰川灌区,麦田依旧绿意浓浓,黄河水在渠道里迎着阳光漾起快乐的小水波。

而今从景泰县黄河西岸,到古浪县黄花滩,沿腾格里沙漠南缘数百千米,绿树成荫,良田成片,屋舍俨然,人民生活富足。

"真是旧貌换新颜。"一位甘肃省水利厅的同志感慨地说。如果说景电一期是"救命工程",那么景电二期就是"温饱工程""翻身工程",现在,景泰川因水脱贫致富,景电工程又成了名副其实的"致富工程""生态工程"。

在二期工程受益的古浪海子滩西中滩村农民赵才家中,笔者看到屋里除了土炕还有沙发、茶几、电脑、电视等——传统与现代感并存在一间屋内。

今年56岁的赵才1990年响应政府号召由40千米外祁连山区的井泉乡移民至此。当时全村70%的人都走出大山来到了古浪灌区,剩下的30%当时没有下来,目前也准备移民到正在开发的黄花滩。

赵才到海子滩时接手的是已经平整过的土地,每家按人头,每人2亩地,他们家一共4口人,共分得8亩地,种植小麦和玉米。他知道这是政府搞的扶贫工程,他们属于生态移民。刚来的时候没有房子,自己挖的地窝子住,但是因为有土地,有收入,1991年就盖起了新房。赵才回忆说,以前这里整个春季和夏初几乎天天刮风,4千米外就是沙漠,20世纪90年代初风沙把田地埋没的事还时有发生,遇到那种情况他们只能靠手来挖,挖出多少算多少。

"我小时候去武威要过饭。那时候靠天吃饭,十种九不收。因为缺水,全家洗脸共用一碗水,完了再饮驴。年轻人平时还洗洗脸,中老年人根本不洗脸、不洗澡。下雨时人们都往屋外跑,抢水,连漂着羊粪、驴粪的水也抢。"赵才回忆往事时脸色沉重。

赵才说,来到海子滩后,不光解决了吃饭问题,现在环境也大大改善了,衣服干净了,眼睛也能睁开了。

赵才除了耕种自家的 8 亩地,还承包了别人的 32 亩地。"我是村里最早用激光水平仪平整土地的。"乐意接触新事物的赵才自豪地说。

"以前土地不平,漫灌用水一亩地一次能用 150~180 立方米,而且高的地方水浅,地势低洼的地方水又太深,既浪费水又对作物生长不利,就是旱的旱,涝的涝。用激光水平仪整地后,土地到处都一样高,省水且受水均匀,一亩地一次只需要 80~90 立方米水。"赵才说,他还用地膜保墒,虽然地膜一亩地要 50 元的成本,但是因为节水,所以成本不算太高。

得益于较高的农业机械化程度,赵才说起只有他们老两口耕作 40 亩地时显得很轻松。

在景泰县草窝滩镇西河村时看到,这里家家户户都种植枸杞,人均年收入在 8000 元以上,家家住上新房,不少农户家还有小汽车。

因为有了水,在景泰川的大型农场有了发展的保障。在景泰县一条山镇的条山农场家属院,笔者走进了职工王昌银的家中。

王昌银于 20 世纪 80 年代由玉门饮马场农场来到条山农场,刚来时住的还是土坯房,1983 年农场开始施行包产到户,农户积极性提高,随后收入与生活条件逐年提高,前几年搬进了农场统一集资修建的住宅楼,现在他手头掌管的 47 亩土地种的是"籽瓜"和"黄河蜜"。

"条山农场现在叫条山集团了,我们有先进的农业技术,现在经营的土地是农业部(现农业农村部)最早认证的无公害绿色基地之一。"王昌银说。

条山集团灌溉中心主任赵烈学说,集团现有职工1300多人,实行统一管理、集中经营。在黄河水的充分保障下,他们在灌区实行定额、定量供水,保证率高;同时,积极发展科学种田,引领灌区农民共同提高,带动辐射作用显著。

"黄河水就是我们的生命线,景电科学的管理与服务保证了及时供水,使农户收入稳定。农场广泛使用滴灌技术,节水、节肥,且灌溉均匀,作物品质好。景电行风优良、制度严格,经过多年的发展与探索,逐步与用水户达成了协调统一的运作模式,以前什么时候供水就什么时候用水,现在是什么时候用水就什么时候供水。"赵烈学说:"有了景电工程,才有了水,才有了条山集团。"

赵烈学介绍,条山集团的历史始于景电工程的兴建。以前农场原址上一个沙丘连一个沙丘,周围只有原火车站的几间房屋,走老半天都碰不上一个人。后来,随着景电工程的发展,灌区日渐兴盛,条山集团也逐步壮大起来。

景泰县委副书记杨永胜说:"景泰农业产值约占全县国民生产总值的50%。但景电工程在建设初期对景泰来说就是解决吃饭问题,那时有句话叫'风吹石头跑,拉羊皮不沾草'。"

杨永胜解释说:"羊毛是很容易粘草的嘛,我们这块儿连草都没有。"

"没有景电就没有现在的景泰。"杨永胜说。从1969年开始,从一期到二期再到二期延伸向民勤调水,景电工程从"救命工程"到"致富工程",成为灌区40万人民群众生存与致富的依托,成为灌区经济社会发展的命脉。

杨永胜说，景泰现在也是防止沙漠南移的一道生态屏障。近几年，景泰县与景电工程联手进行防风林带建设，按照水到哪里树到哪里的原则，沿着渠道（干渠、支渠及主要通道、交通干线），每年推进不少于100千米的骨架林网，县上负责平整林带、栽植苗木，景电负责灌水和后期管护。与农田林网面积大（18万亩）、单行树居多不同，骨架林网主要按林带建设，起生态屏障作用。

"景电一期来了7万多移民，占景泰人口的50%，现在主要是天祝、东乡、靖远等一些干旱缺水山区的移民。吃饭问题早已解决，也已经开始致富。因为旱涝保收，老百姓就不考虑从前的事了，景泰人消费观念还挺超前。"杨永胜自豪地说。

有资料显示，截至2015年年底，景电灌区灌溉面积已发展到108万亩，产生直接经济效益163.37亿元，是工程建设总投资的19.55倍。景电工程上水后，在灌区安置了甘肃、内蒙古两省（区）景泰、古浪、阿拉善左旗等7县（旗）农民40万人，保证了灌区的生产、生活用水，解决了100多万头牲畜的饮水问题。灌区新建10个乡镇、178所学校和123所医院（卫生所），数百个集散贸易市场，满足了灌区人民的就学、就医、购物需求。

近年来，在甘肃省委、省政府和省水利厅党组的领导下，景电管理局坚持提高工程效益是兴局之要、抓项目促发展是强局之基、服务灌区惠及民众是立局之本，努力打造和谐平安、生态小康、学习创新、活力阳光、服务效能新景电，为景电灌区与全省同步建成小康社会、巩固石羊河流域综合治理成果提供了强有力的水利支撑。

　　另外,通过提水灌溉、防沙保土,灌区区域内已有林地面积 11 万亩,林木覆盖率达到 14%,百万亩灌区与三北防护林带连成一片,有效阻止了腾格里沙漠的南侵,保障了省会兰州、新兴工业城市白银和历史古城武威的生态安全。

　　昔日荒凉的戈壁沙漠,现已蜕变成为百业兴旺、群众安居乐业的米粮川。

二、美丽新尕秀

"有的风景,在人生中只是一刹那,便惊艳了你的目光,让你一生难忘。尕秀,绝对是你路过而不能错过的乡愁!"

这是坐落在甘肃甘南藏族自治州碌曲县草原腹地的尕海乡尕秀村打出的旅游宣传口号。也的确,集雪山、草场、石林、湖泊、河流等自然景观和以藏传佛教文化为主的人文景观为一体的尕秀村,景色秀丽、风光旖旎、底蕴深厚、独具特色,着实让人过目难忘。

但是自古以来,作为高原纯牧业村庄,尕秀村仿佛一位美丽而不自知的牧羊女,将全部的精力与注意力都放在了牦牛和羊群身上。于是,千百年来,守着美景的尕秀牧民始终过着居无定所、栉风沐雨、颠沛流离的游牧生活。

美丽新尕秀

　　近几十年来，由于气候变化及过牧超载等原因，甘南辽阔的草场与湿地开始出现退化及萎缩现象，尕秀村所在的草场——晒银滩也面临着同样的威胁。

　　为保护一片片草场，也为挽留住尕海湿地，更为守住甘南的绿水青山，从甘肃省到甘南州再到碌曲县，政府对草场、湿地、林地的保护政策与措施层层出台、逐个落实，越来越多的牧民开始将原本锁定在牛羊身上的目光与生活转向了更多的方向。在风景秀丽的甘南，不少牧民选择了生态旅游这一绿色产业作为转型后的新发展方向。

　　在发展生态旅游方面，尕秀村有着"天生丽质难自弃"的优越条件：如画的风景与便利的交通条件。国道 213 线穿村而过，北距碌曲县城 23 千米，南距尕海湿地 25 千米、郎木寺 60 千米，尕秀村在甘南旅游"热线"上可谓区位优势明显。

　　2005 年开始，当地政府累计投入 7000 余万元，在尕秀村实施了牧民定居点建设，号召牧民陆续走出深山，开始定居生活，为从传统畜牧业逐步转型做好了铺垫。很快，尕秀村便成为甘肃全省新农牧村建设的样板村。经过几年的发展，如今的尕秀村又开始向"抢占绿色崛起制高点，打造环境革命升级版"样板村华丽转身。

　　进入尕秀村，红顶白墙的房屋制式整齐划一，在雪域高原特有的阳光与蓝天映衬下显得简洁而和谐。在多数居民的庭院门口，竖着一块某某牧家乐的木牌，上边用中、英、藏文写有门牌号、牧家乐电话、工商监督电话和旅游投诉电话等信息。步入的第一家牧家乐叫央庆牧家乐，男主人是位叫贡保加的藏族大叔。接待游客的餐厅分列在庭院东西两侧，主人卧室、客厅坐落在南侧，装有太阳能热水器的洗手间一进庭院就能看到,据介绍,全村的厕所都是统一修建的微生物降解厕所,环保且节能。通过藏语翻译,笔者对贡保加的家庭情况有了简单了解。贡保加今年52岁,头脑比较灵活,除了饲养300多头牛、600多只羊,还去县城拜师学会了摩托车修理的手艺,在2012年搬到定居点前生活质量已然不错。但随着牧场的缩小、生态旅游业的风生水起,贡保加一家8口将生活重心放在了牧家乐上,所饲养的牲畜仅保留了50头牦牛。"以前牛羊多就是富,现在观念转变了。我的牧家乐一共有十几间房,4间用来接待,一天的收入平均下来差不多有1000元,纯利润大概300元的样子。"贡保加谈起现在的生活还是相当满意的。

步入的第二家牧家乐是碌曲县水务水电局的帮扶户,由于主人拉毛加出门办事没有在家,主人的姐姐拉毛草接受了采访。在搬到定居点前,拉毛加除饲养30只羊、40头牦牛外,主要靠打工、跑运输来满足家庭日常开销。从交谈中笔者注意到,随着时代的发展,传统的藏族牧民越来越重视孩子的教育问题,并不识字的拉毛草把两个女儿都送进了大学,拉毛加16岁的聋哑女儿也在合作市的聋哑学校上学,这在以前的牧区,几乎是不可能实现的。如今在定居点安家,不仅家庭收入有了新的来源,教育、医疗、出行等条件也都发生了翻天覆地的变化。"主要就是改善了生活条件",问起对定居的理解,拉毛草如是说。采访期间,拉毛草还拿出手机让笔者看她女儿的照片,并表示日常都是通过微信与女儿联系,现在家里、村里都有Wi-Fi信号覆盖。这也让笔者感叹,科技的触角已经如此深入到了中国的各个角落。说起定居以来生活的变化,拉毛草的脸上有一丝怀念的神情掠过,"以前挤牛奶、背牛粪、打酥油,现在收拾屋子、做些裁缝活,给弟弟帮忙,其他时间就还是念经。""牧区漫山遍野都是鲜花,五颜六色的。我虽然很怀念牧区,但是知道现在定居下来也是为了让草地、环境更好。"为了草场、为了湿地、为了大的生态环境,如拉毛草般的传统牧民付出了许多、改变了许多,如今,尕秀的美好生活、尕海愈发旺盛的生命力是对他们付出的最佳回报。

走出拉毛加的牧家乐,徜徉在尕秀村纤尘不染的大街小巷,村史博物馆、电商中心、篮球场一个接一个地给笔者意外与惊喜——原来地处高原、远离都市的小村庄也可以如此紧跟科技与时代的潮流。

尕秀村,这座雪域高原上守护着山川湖泊的小村,随着时代的发展,秉承"绿水青山就是金山银山"的理念,已经踏上了甘南州的绿色大舞台,更精彩的未来等待着每一个到达尕秀的人去发现、去体会。

三、清流之源看尕海

与省内多数地区干旱缺水不同,大自然给予甘肃甘南藏族自治州(简称甘南)的配置是湿润的气候与丰美的水草,既像是对这片土地的馈赠,又像是对这个省份的弥补。

坐拥优厚的天然配置,甘南成为黄河、长江的水源涵养区和补给区,境内有以黄河、洮河、大夏河、白龙江为代表的120多条干支河流。不仅有河,这里还有"海"——尕海。虽然"尕"在青海、甘肃的方言里是"小"的意思,但是这片"小海"却浓缩了甘南的精华——丰沛而优质的水资源、广阔的湿地、优良的牧场及种类繁多的动植物。

尕海地处甘南腹地,汇集山丘流水,后注入洮河,是洮河源头之一,尕海的状态直接影响整个洮河流域及引洮工程效益的发挥。尕海的重要性早已为国家所重视,1998年8月18日,国务院批准建立甘肃尕海则岔国家级自然保护区,将尕海纳入了依法保护与管理的护佑之下。

(一)天赐"美玉"

"先去站上的观测塔吧。"7月,为了让笔者对尕海先有个"全面"且具有一定"高度"的认识,尕海则岔国家级自然保护区管理局尕海保护站站长张勇带领笔者登上了矗立在尕海湖旁的观测塔。

与平视时视线多聚焦于近处而难有宏观概念不同,俯视的视角让笔者对尕海从水域形态到周边环境都有了较为直观的认识——尕海保护区不仅是一片湖泊,更涵盖了周围广袤的湿地、草场与山地。虽已站在高处，但目光所及仍触不到保护区的边缘。"尕海则岔自然保护区，是由 1982 年成立的尕海候鸟自然保护区和 1992 年成立的则岔自然保护区合并后晋升的国家级自然保护区，总面积有 247431 公顷。"张勇介绍说。

据了解，在保护区中，绝大多数的面积为草地、湿地及林地，其中林地 41991 公顷、湿地 58150 公顷、草地 139560 公顷，这也是该区域具有强大的水源涵养效益的原因，年涵养水源量可达 5.96 亿立方米，为同期降水量的 38%。同时，由于湿地具有很高的持水能力，能够削减洪峰和均化洪水过程，因此尕海湿地对调节小气候及维护生态平衡、保护草原草场具有不可低估的作用。"镶嵌在湿地间的尕海湖是甘肃省最大的高原淡水湖，蓄水量 4800 万立方米，最大蓄水量 5000 万立方米。这里不光水资源丰富，尕海湿地的水质还很好，属Ⅰ类水，是人畜饮用和工农业生产用水的良好水源。"在观测塔上，笔者一边眺望如美玉般嵌在甘南大地的尕海湖，一边听张勇站长细说着他熟悉的尕海。

张勇说，优越的自然环境、较少的人类活动干预使尕海成为动植物的天堂。这里分布有湿地脊椎动物 86 种、湿地植物 342 种，既有以黑颈鹤、黑鹳、大天鹅、雪豹、林麝为代表的珍稀野生动物资源，又有以紫果云杉、星叶草、桃儿七、冬虫夏草等为代表的珍稀野生植物资源。在保护生物多样性方面尕海湿地可以说对全球都是具有一定意义的。

"既是高原'蓄水池'，又是动植物天堂，尕海湿地在生态保护与生态安全屏障建设方面起着举足轻重的作用。"张勇说。2011 年 9 月，尕海湿地成功申报国际重要湿地名录，成为全国第 41 块、甘肃省首块国际重要湿地。

如此"身份显贵"的湿地并非一帆风顺，美丽的尕海湖也曾经历过干涸的噩梦。

(二)"美玉"重生

自 20 世纪 50 年代以来，随着人口的不断增加和过度放牧，人们对草地资源的利用重取轻予，加之气候变暖等因素，尕海遭遇了前所未有的生态灾难：地表裸露，草场沙化，地下水位逐年下降，湿地萎缩。1995 年，尕海湖首次干涸见底，曾经一波万顷、天湖一色的圣湖成了一个硕大的沙坑。1996 年春，尕海湖有了少量积水。1997 年，湖水再次干涸。2000年，尕海出现了最严重的一次干涸，湖内的生物遭遇灭顶之灾，死鱼的腐尸臭味像幽灵一样飘荡在草原的上空。

尕海危机引起了甘肃省有关部门、甘南州、碌曲县及尕海则岔国家级自然保护区管理局的高度重视，一系列旨在保护与恢复尕海的举措开始逐一得到落实，成效也随之而来。

在国家财政资金的支持下，保护区管理局在尕海湖出水口修筑了一条长 174 米的梯形拦水坝，抬高水位，扩大水域面积；在尕海湖入水口修建长 4.7 千米的生态补水渠，引忠曲河水为尕海湖补充活水。将原尕海军牧场的 3600 公顷国有草场与尕海湖核心区牧民的集体牧场进行置换，明确了尕海湿地的权属，实行保护区全面禁牧，并在核心区建设围栏，有效增强保护能力。利用补播、施肥技术修复草场，开展综合生态系统保护与恢复建设。实施尕海湿地保护建设工程项目、中欧生物多样性保护（ECBP）及 UNDP-GEF 利用生态方法保护洮河流域生物多样性等项目。

此外,争取国家投资 4.9 亿元,将从尕海核心区穿过的尕玛公路进行了改道,新的尕玛公路完全绕过了尕海核心区湿地,有效改善了核心区的生态环境。依托甘南黄河重要水源补给生态功能区生态保护与建设项目中的牧民定居点工程,先后投资 1238 万元,将湖边的尕海乡政府及所有乡直单位迁移出了核心区,对居住在尕海湿地核心区的 171 户(每户补助 4 万元)890 多名牧民实施了整村搬迁,有效减缓了人居对湿地的影响及对候鸟的惊扰。

一项项有力的措施,加之近年来降水的增加,尕海湖地下水位逐年提高,周边已经干涸的山泉多数恢复出水,尕海湖面积由 20 世纪 90 年代初的 480 公顷增加到现在的 2300 多公顷,沼泽面积恢复到 12000 多公顷,蓄洪和调节气候的能力大大增强,湿地生态系统趋于完善。

值得一提的是,根据甘肃省林业厅(现甘肃省林业和草原局)批复的《甘肃尕海则岔国家级自然保护区湿地生态效益补偿试点实施方案》和甘肃省财政厅、甘肃省林业厅《关于拨付 2014 年、2015 年中央财政湿地生态效益补偿试点资金的通知》,保护区还实施了总投资 6500 万元的中央财政湿地生态效益补偿试点项目,主要完成了沼泽化草甸湿地禁牧补偿、湿地修复和环境治理工程等项目。

在项目实施过程中,保护区对因野生动物保护造成损失的牧户进行补偿,并对因保护湿地遭受损失或受到影响的周边社区开展生态修复、环境治理。在项目实施两年后,湿地涵养水源、净化空气、降解有害物质的能力得到进一步增强。同时,经过补播牧草,湿地周边退化草场牧草数量翻了一番,产草量提高 20% 以上,有效遏制了湿地周边草场退化、沙化的进程。此外,通过湿地生态效益补偿,当地牧民群众对湿地的依赖程度逐步减轻,禁牧区已没有放牧现象,禁牧区的草场得到休养生息,因牛羊及人为对候鸟栖息造成的影响基本消除。同时,项目的实施还转变了牧民群众的观念,使部分劳动力转移到放牧外的其他产业,从而增加了牧民群众的经济收入。

尕海这块高原"美玉"在保护与恢复中再显光辉。

(三)"美玉"成器

听着张勇站长关于保护区过往与现在的介绍,笔者一行不知不觉沿着湿地上搭建的栈道走到了湖边的观鸟亭,一架高倍望远镜已在此处静候多时。原来保护区里正有一对黑颈鹤在孵化小雏。透过长长的镜头,笔者看到在夕阳的映衬下,一对黑颈鹤正坚守着鸟巢,不时还会相互交班,十分有责任心。"鸟是湿地生态变化的'晴雨表'。"在保护区工作15年的张勇已经不再是单纯的管理人员,与湿地、植物、鸟类及其他动物终日打交道的他可以称得上是生态专家了,保护区里的动植物数量、种类和变化他都看在眼里并熟记于心。

随着湿地面积的恢复,生物多样性也有了明显的恢复和增加。调查、监测发现,截至2015年年底,鸟类新增107种,种数达到了252种。2016年年底,禁牧区各类候鸟达3.1万只左右,与2014年、2015年比较,增加了15%。国家一级保护动物黑鹳在2011年监测到420多只。还有雁鸭类、棕头鸥等上百种鸟类在这里产卵、育雏,特别是国家一级保护动物黑颈鹤成群地在这里栖息、越夏繁殖,尕海已经成了它们重要的繁殖地之一。"就像我刚说的,鸟是湿地的'晴雨表',而湿地的根本还是水。鸟类如此偏爱这里正说明了尕海的水好、生态环境好啊!"张勇一边介绍一边指着栈道两侧的鸟类科普图片给笔者看。

在保护区的护佑下,在日月星辰的转换间,尕海纳雨集流,用湖泊、湿地、林草滋养着生命,展现着旺盛的生命力,她又似大自然给予甘肃的弥补,通过引洮工程将生命力传递给陇中干涸的土地,孜孜不倦地孕育出新的生命与希望。

四、嘉峪关市：戈壁滩上唱水歌

俗话说：到什么山唱什么歌。所以，才有了"踏平山路唱山歌，撒开渔网唱渔歌"的吟唱。那么，在苍凉干渴的戈壁滩上，应该唱什么歌呢？

走进地处戈壁荒漠区的甘肃省嘉峪关市，不禁为眼前的满目绿色感到意外。更为惊诧的是，该市建成区竟有大大小小 14 处人工湖，它们散布在条条道路之间，就像五线谱上跃动的音符，连成了一支绿色的歌。

嘉峪关市一景

该市水务局副局长李杰说："嘉峪关曾是个寸草不生的地方，近年来，我们把水作为发展主线，狠抓生态建设，切实改善了建成区生活环境、完善了生态体系,走出了资源型城市'矿竭城衰'的困局,促进了经济社会可持续发展。"

(一)以水为脉,谱写戈壁宜居"新旋律"

嘉峪关市是随着酒泉钢铁公司的建设而兴起的一座城市。其戈壁荒漠面积占全市总面积的 90%,多年平均降水量为 80 多毫米,蒸发量却高达 2100 多毫米,自然环境十分恶劣。

20 世纪 50 年代末,来自全国各地的建设大军胸怀报国之志,集结戈壁荒滩,经过几十年不懈奋斗,硬是挺起了我国西北钢铁工业的脊梁。在老酒钢人的记忆里,"刚来时每天至少要刮两场大风,风吹石头跑,还伴着沙尘。"

随着时代发展,国家把生态建设放在重要位置,嘉峪关人对生态环境的期望也越发强烈。李杰说:"新形势下,要推动事业持续发展,必须以人为本,加强生态建设。如果连人都待不住,还谈什么发展?"

在"建设戈壁滩上的宜居城市"思想指导下,该市对祁连山北麓难得的双泉进行开挖、扩建,把汩汩清泉引入城市,先后建起东湖、南湖等"城市之眼",既调节了丰枯季用水,又为城市注入了灵动的活力。经气象部门监测,年降水量也增加 20 多毫米。

引水入城后,该市还以水为脉,沿着水路营建水景、植树造绿,一步步推进生态家园建设。现该市建成区人均水面近 29 平方米,人均绿化面积超过 36 平方米。李杰说:"市民出门不到 1000 米就能看到水,特别是节假日,水边满满的人。这在以前想也不敢想啊。"

更让嘉峪关人自豪的是,在首届中国和谐城市可持续发展高层论坛上,该市还被评为"中国十佳休闲宜居生态城市",在戈壁滩上谱写了不可思议的宜居旋律。

(二)水利建设,上演生态文化"合奏曲"

"过去说起水利指的就是工程,印象是'傻大笨粗'。那时候只考虑防汛抗旱和引水需要,目的很单一。"谈到嘉峪关市早期的水利建设,李杰如此概括。

随着水利事业的发展,人们开始把工程与生态结合起来,进行绿化美化。除依托城内人工湖所建的亲水游园外,李杰还特别提到了讨赖河,"主河道无水的问题,我们一直想改变,但从技术上无法解决。"

讨赖河是嘉峪关市境内唯一的地表河流。根据历史遗留下的分水制度,河水全部通过南、北两条干渠送至分水地区和单位,平时主河道内就是一片戈壁荒滩。

"是'清洪分治'方案让讨赖河实现了新生。"李杰解释,所谓"清洪分治",就是把河道纵向分成两部分,一部分蓄积清水营造景观,一部分留作行洪通道,生态、防洪两不误。

"我们在讨赖河城区段上下游各建了1座橡胶坝,引入了双泉泉水,生态效益当年就出来了。最多的时候,来休闲游玩的,一天达两三万人。"市民的亲水热情,李杰至今记忆犹新。

在初试成功的基础上,"十二五"期间,该市继续实施了讨赖河城区段生态治理工程,共治理河道6.5千米,营造水面1100多亩,绿化面积达114.58万平方米,实现了由传统水利向生态水利的过渡。

随后,他们还依托讨赖河城区段良好的水生态环境,瞄准"龙图腾、丝路重镇、旅游城市"等特色元素,打出了文化水利之牌。在南湖文化生态园内,笔者踏访了龙湖、龙王滩遗址,以及丝路文化博物馆、古代水利博物馆,充分领略了文化水利的魅力。

李杰说:"根据省级水生态文明城市建设规划,我们还要建设河湖连通工程,进一步提高水资源配置能力和生态环境质量。"

站在讨赖河文新大桥上,脚下是清清的河水,河畔是花草树木,四周散发着浓郁的文化气息,一切都是安静的,但笔者分明听到了一支由水、生态、文化组成的美妙合奏悠悠传来。

(三)节水转产,唱响持续发展"好声音"

嘉峪关市在加快发展的道路上,也有自己的困扰。

该市虽然对水资源进行了精心配置,但它终究是一座缺水城市,随着城市的发展,水资源压力将更为沉重。

"要解决水资源紧缺问题,必须厉行节水。"对此,嘉峪关市有着高度共识。

资料显示:近年来,该市积极实施高效节水灌溉项目,节水种植面积占全市耕地面积的90%,年节水量占该市农业用水量的30%。城市公园内的绿地,统一安装了节水设施,节水率达50%以上。市民家中也普遍使用节水器具,节约用水,人人在行动。

"作为用水大户,酒钢的节水力度更大。"李杰介绍,酒钢人通过技术创新、污水处理和中水回用等,使吨钢耗用新水量由原来的 42 立方米减到了 3.9 立方米,产值却由原来的每年二三十亿元增加到现在的 200 多亿元。

为响应国家"调结构、去产能"政策,酒钢人还把转型发展的触角伸向红酒酿造、种植、养殖等生态产业,其发展成效也正如其红酒广告词一样——"紫气东来,轩然出彩"。

在以水定城、以水定产的指挥棒下,嘉峪关市"一钢独大"的产业结构也逐步调整,向着光伏、装备制造、食品加工、旅游等产业转舵、延伸,从而打破了资源型城市"矿竭城衰"的困局,迈进多业并举的新时代,唱响了绿色发展、持续发展的"好声音"。

夜幕下,讨赖河水文化生态景区内,人流如织、华灯溢彩、喷泉飞旋,一支欢歌随着水雾冉冉升起,滋润着整座城市。不知这支从戈壁滩上飞出的"水歌",是否也能"滋润"到更多干渴的城市?

五、"钢铁巨人"的浪漫转型

提到钢铁企业,我们的脑海里不禁浮出坚硬、高耗、污染等词汇,继而生发出莫名的距离感。

然而,在去往我国西北地区最大的钢铁企业酒钢的路上,嘉峪关市水务局工作人员赵玉珍却告诉笔者:"近年来,在国家'调结构、去产能'的大形势下,酒钢积极创新发展,实行绿色转型升级,不仅壮大了钢铁、装备制造、特色冶金、能源化工等产业,还研究探索现代生态农业,成立了酒业公司,上马了葡萄酒酿造产业呢。"

地下酒窖

"高冷"的"钢铁巨人"竟然牵手浪漫的葡萄酒?让人不

禁来了兴趣。

(一)酒钢有钢又有酒

祁连山下,嘉峪关旁,大自然不仅用丰富的矿产造就了酒钢这位"钢铁巨人",还赋予了这里世界顶级葡萄酒原料所需要的一切条件。5万亩郁郁葱葱的葡萄庄园凭借异禀的天赋,在这片土地上为酒钢多产业绿色发展续写着新的传奇。

北纬39.6°,与世界著名的葡萄产区法国波尔多在同一纬度,加之终年干燥的气候,少于100毫米的年降水量和多于2000毫米的年蒸发量,使嘉峪关产区的葡萄免受病虫害;充足的日照、大幅昼夜温差和合适有效的积温,也意味着适宜的葡萄含糖量和含酸量;钾、钙含量极高的沙砾土壤,也与波尔多地区极其相似,是种植酿酒葡萄的理想沃土。更可贵的是,从前一片荒芜的戈壁滩使这里的土壤同其他历史悠久的农耕区相比少了污染;水源则来自祁连山冰川,可算再天然不过的矿泉水了。

就是在这得天独厚的自然条件引领下,2005年6月17日,酒钢斥资1.5亿元在祁连山北麓戈壁滩上铲开了第一锹土,开始了酒钢人在雄关脚下的又一次全新创业。

也正是依托酒钢这个西北地区最大钢铁企业的资金和人才优势,酒业公司高起点、高标准建成了年产1000万升的现代化葡萄酒生产基地。

葡萄产区全面采用全球领先的以色列灌溉技术、科学的施肥技术和全方位立体的科学栽培,不但解决了戈壁葡萄滴灌的问题,更给戈壁葡萄提供了充足的养分,保证每一颗戈壁葡萄都能充分吸收营养。就是在这里,该公司的赤霞珠、梅尔诺、黑比诺、霞多丽、雷司令、威代尔、佳美等葡萄名品逐一开花结果。

由于原料全程有机栽培,采用非转基因苗木种植,杜绝农药、化肥、生长调节剂和转基因添加剂的使用,100%保证有机原料的纯正性和完整性;同时,依照国家环保总局(今生态环境部)有机食品发展中心(OFDC)和国际有机农业运动联盟(IFOAM)有机产品标准,严控二氧化硫用量,100%保证有机葡萄酒的安全性,2009 年,该公司 2.5 万亩有机葡萄庄园率先通过 OFDC 和 IFOAM 国内国际有机产品双重认证。

有人说,葡萄酒掀开了酒钢有"钢"又有"酒"的新一页,也为国内钢铁行业依托自身优势打造非钢产业增加了全新亮点。

(二)酒业与旅游业融合发展

除了天赐的好资源,自身的努力更不容小觑。

该公司成立了集科研、中试、检测于一体的高标准企业工程技术中心,主要从事葡萄培育、产品开发等研究工作。该中心既有葡萄酒博士又有国家级葡萄酒评酒员,还有多名葡萄种植与酿造的高工与省级评酒员和相关工程技术人员,阵容强大的科研与生产技术队伍肩负着研发、工艺落实、技术指导、技术项目申报等多项工作。该公司还和西北农林科技大学葡萄酒学院、甘肃农业大学食品科学与工程学院等高等院校开展科研合作,同时聘请国际葡萄种植与葡萄酒酿造等方面专家为顾问,为企业产、学、研搭建宽广的平台。

同时,树立现代质量管理的新理念,把满足用户和消费者的需求作为公司质量管理的宗旨和目标,将质量管理瞄准并扩展到"市场占有率""用户满意率""利润率"在内的多元化目标。

在精心发展酒业的同时,该公司还利用区位优势,借助嘉峪关市旅游业资源丰富的特点,积极发展旅游产业。公司葡萄酒庄园在酿酒为核心功能的基础上,以葡萄酒的 8 个酿制基本步骤为主要内容,围绕葡萄酒这一主题,以欧洲小镇的建筑风格为蓝本,开发了主题休闲区、鉴赏中心、DIY 体验区等特色功能区,其中 1 号地下酒窖,占地面积 1.37 万平方米,位于葡萄酒厂地下 7 米,是目前亚洲最大的单体葡萄酒酒窖,其内部按照国际葡萄酒窖贮标准精心设计,精心建设,以欧式风格考究装修。2010 年 1 月 18 日,葡萄酒庄园正式被评为国家 4A 级旅游景区,其宏伟的气势和现代化工艺操作都成为景区的一大亮点。

在参观中笔者注意到,酒庄内的游览线路安排合理,内容丰富,从参观葡萄种植园,到影视厅观看企业文化宣传片,再到参观灌装线、地下酒窖、成品展示区,既具有科普性,又具有一定的可参与性,前来参观的游客兴趣盎然,4A 级旅游景区的头衔可谓实至名归。

(三)酒文化助力转型升级

作为酒钢发展非钢产业的重点项目,依托原料优势、产品品质优势,坚持走品牌营销之路,该公司的市场建设取得快速发展,品牌知名度和影响力迅速扩大,不仅在甘肃市场牢牢地树立了高端品牌形象,占据了优势市场地位,在部分省外市场区域也形成了良好的销量和影响力。他们从 2006 年开始进行全国销售网络布局,目前销售网络已覆盖华东、华南、华中、华北、西北、西南等六大区域,创造了甘肃甚至行业内快速发展的奇迹。

近年来,该公司品牌和产品先后摘取"中国葡萄酒最具影响力著名品牌""全国名酒博览会金奖""首届中国名酒品牌榜最受消费者喜爱的中国名酒""中国著名品牌"等多个桂冠,并先后获得"中国食品安全十强企业""中国食品安全最具社会责任感企业"等荣誉称号。2010 年,公司葡萄酒成为"中国 2010 年上海世博会联合国馆唯一指定用酒"。2011年,公司商标通过国家工商总局商标局(今国家知识产权局商标局)"中国驰名商标"认定。2012 年,公司葡萄酒成为"神舟九号"与"天宫一号"对接成功指定的庆功用酒。

河西走廊自古以来就是葡萄酒的黄金产地和重要的文化载体,这里沉淀了厚重的文化底蕴,具有独特的地理优势。因此,甘肃不仅把葡萄酒产业作为经济社会发展的重要产业加以打造,而且还在政府指导下制定了该行业 2010—2020 年中长期发展规划。甘肃省已将葡萄酒业发展的重点放在河西走廊,力争通过 10 年的努力,把甘肃葡萄酒产业打造成为具有较强竞争力的特色优势产业,使甘肃成为全国乃至世界优质、高端葡萄酒的核心产区。

借此发展东风,该公司酒业的发展前景一片广阔,而与此同时,向酒钢交出的成绩单也如一股动力,为酒钢产业转型、绿色发展提供了强劲的能量与信心。

六、是谁成就了秦王川

在兰州市以北、景泰县以南、皋兰县以西有一片总面积1000多平方千米的土地,那里地势平坦,土壤厚度适中,如果受"老天爷"眷顾能够风调雨顺的话,那里该是一派美丽的田园风光。可偏偏大片沃土从古至今都被干旱萦绕着,使千里平阳束手束脚,只能任宽广的胸襟承载着贫瘠与苦难。这里就是秦王川。

在几百千米外,有一条本与秦王川没有交集的河流,它一路从祁连山脉的木里山走来,水量丰沛而稳定,水质良好,年径流量25亿~29亿立方米。它就是大通河。

秦王川

从清代末年到民国时期，再到新中国成立初期，无数人无数次想尝试用大通河水浇灌秦王川。可怎么能让大通河水流到秦王川呢？在技术、设备等一切都落后的时代，始终只是有想法、没办法。但眼看着千古旱塬的焦灼，引水到秦王川的设想始终没有被搁置。

时光流转到20世纪70年代，随着经济社会的发展，引水到秦王川这个近百年的梦也终于有望成真。1976年，引大入秦工程由甘肃省批准立项，并正式开工兴建。

当规划落地，资金和技术却成了摆在工程技术人员面前最大的障碍。将水从几百千米外穿越崇山峻岭引到秦王川，绝不是光靠拼搏和韧劲就能解决的问题，1981年引大入秦工程遭遇缓建。

引大入秦工程输水管道

　　而此时,改革开放的春风吹到了甘肃省,也正是这股春风给了引大入秦工程继续前进的机遇。可以说,没有改革开放,也许就不会有引大入秦工程的建成通水。

　　改革开放为引大入秦工程带了两个救命的法宝:一个是世界银行贷款带来的充足资金,另一个是通过国际招标引进的国外先进技术、设备及管理方式。

　　"难道中国人连个洞子都不会打了吗?"尽管有这样的质疑,但时任引大入秦工程总工程师的张豫生知道,是改革开放带来的政策和思想的解放,给了世界银行贷款和国际招标走进国门的机会,也是他们给了引大入秦工程继续下去的动力。

　　就这样,引大入秦工程成为改革开放之初,甘肃省举全省之力兴建的一个具有深远政治意义和巨大社会效益的宏伟工程,创造了甘肃省水利建设史上的许多奇迹:是新中国成立以来甘肃省最大的跨流域调水工程,是改革开放以来甘肃省第一个引进外资、国际招标、国外参与建设的示范性工程,是世界银行贷款援华项目的样板工程,是甘肃省迄今为止唯一写入《政府工作报告》的水利项目,是甘肃省首次载入《中华人民共和国建设成就概览》和《中华人民共和国大事记》的水利项目……

　　当年传奇而艰辛的建设历程,在如今已85岁高龄的张豫生的记忆中,依旧如同昨日。

　　"意大利CMC公司承建的30A隧洞是总干渠第二座长隧洞,全长11.649千米。意大利人运用美国制造的双护盾全断面掘进机,创造了13个月全线贯通的世界纪录。"

　　"先明峡倒虹吸单根管线长524米,内径2.65米,管道设计最大工作水头 107.12 米,建成时是世界第七、亚洲第一大钢制倒虹吸。"

在张豫生的记忆中不仅有几十年都不会忘记的精准数据,还有中国人在施工中展现的能力与才智。

从精准地警告在盘道岭隧洞中施工的日本国株式会社熊谷组注意地质安全问题,避免了重大安全事故,到为意大利 CMC 公司提出设备改进意见,从而大大加快了施工进度,中国人的专业、精细也让国际一流企业刮目相看。

"引大入秦工程施工中采用国际通用的'菲迪克'条款,全面实行合同制管理,为甘肃省培养、造就了一支适应现代化水利工程建设的专业技术人才队伍。广泛运用的新技术、新工艺、新材料,更是攻克了复杂地质条件下隧洞施工等世界性难题,创造了多个亚洲之最和世界之最,有力地印证了'科学技术是第一生产力'这个真理。"张豫生自豪地说。

1994 年 10 月,引大入秦工程总干渠建成通水;1995 年 10 月,东二干渠全线通水。汩汩大通河水终于通过隧洞、渡槽、虹吸、渠道流进了千年旱塬秦王川。5 条全长 254.63 千米的干渠、分干渠,61 条全长 766 千米的支渠,渡槽、隧洞等 4500 多座,全长约 245 千米,承载着引大入秦工程建设者们的艰辛与期盼,20 多年来已将 29 亿立方米大通河水送到了秦王川及周边城镇。

大通河水来了,当地农业生产条件发生了历史性的改变。秦王川昔日的旱砂田变成了水浇地,人均占有粮食由通水前的 300 千克提高到了 600 千克;特色种植、养殖业也发展成一定规模,初步形成了多业并举的农业综合发展新格局。主灌区 40 万人和 20 多万头(只)牲畜的饮水困难得到解决,

5.64万移民摆脱了贫困,开辟了致富途径,灌区人民生活水平实现了质的飞跃。

随着秦王川灌区和兰州新区生态绿化面积的不断扩大,秦王川区域生态面貌发生了可喜的变化。渠路田间防护林网建设逐年发展,造林20多万亩,小气候明显改善,风沙天气逐年减少。"以前'十里不见树''电杆比树多'的荒塬,如今变成了良田万顷,绿树成荫,瓜果飘香的新型灌区。"永登县榆川村村民魏村江自豪地说。

是谁成就了秦王川?是大通河水,是引大入秦工程,更是改革开放带来的机遇。

第三章　宁夏篇

一、银川，浴水而飞的"凤凰"传奇

在我国西北内陆，有一座传说中的"凤凰城"——银川。

据说，古时候贺兰山飞来一只凤凰，因看到这里沟渠交织、湖泊珠连，一派风光秀丽的江南水乡景象，心里不舍离去，就落地化身而成了这座美丽的城市。

9 月 23 日，天似水洗，云如凤翔。笔者来到"凤凰城"内的爱伊河金凤区段。河中碧波荡漾、红鲤游弋，水边绿树婆娑、芦苇颔首，河畔假山上水流潺潺、枝叶间鸟鸣啁啾，鸡冠花仰着火红的笑脸，荷兰菊捧着嫩黄的花心，蓝色的环湖步道上，两个年轻人正并肩小跑而来，好一派和谐迷人的美景。

银川爱伊河金凤区段

一位在河边散步的老人告诉我们："银川变得这样漂亮，是近十几年的事儿。2000 年之前，湖面都变小了，也不相连，有的还成了龙须沟、臭水坑。现在可好了，'碧水蓝天，明媚银川',一点也不夸张!"

(一)美丽的"凤凰"也曾失色

"黄河九曲十八弯,唯富一个宁夏川。"这"宁夏川"便是银川。

据宁夏回族自治区水利厅办公室副主任鲍旺勤介绍,自秦、汉以来,银川平原上便兴修了秦渠、汉渠、唐渠等水利工程,境内沟渠纵横、阡陌交错,稻香四溢、鱼跃鸟飞,富庶的引黄灌溉区孕育了"塞上江南"的自然环境。

我们还了解到,由于银川地处贺兰山和黄河之间,受山洪和河洪冲击,形成了丰富的湖泊湿地资源,自古就有"七十二连湖""塞上湖城"之称,"月湖夕照""汉渠春涨""连湖渔歌""南塘雨霁"等湖泊景观还成为明清时期的盛景。到新中国成立初期,银川平原的湖泊湿地面积还有100.5万亩。

谁也没想到,曾让银川人引以为豪的湖泊会人为地走向衰退。20世纪60年代,为解决吃饭问题,银川实施了全民填湖;70年代,为发展水产经济,很多湖泊被改成鱼塘;90年代,随着城市建设的脚步加快,又进行了填湖建房。时光更迭,人进湖退,到20世纪末,银川的湖泊湿地面积已锐减到18万亩,城里、城外,面积在1000亩左右的天然湖泊仅剩10余个,且各自独立,互不相通,灌排不畅,用水紧缺,生态严重退化。

更让人难以忍受的是,随着经济社会的快速发展,一些湖泊和防洪沟道成为工农业生产和生活的排污之地,致使水质逐年下降。对此,一位家住永二干沟附近的居民满是感慨:"以前这旁边就是个臭水沟,沟里沟外都是垃圾。"

湖泊棋布、波光潋滟的"凤凰城",曾因水的滋养而富庶美丽,也因水的损坏而黯然失色。

(二)让"凤凰"浴水而飞

"生活好了,就想着环境能更好,谁也不希望闻着臭味活着。"市民的心声,也是政府心中的大事。

2002 年,宁夏回族自治区党委、政府提出"大银川"建设战略,要重塑"塞上湖城"的景观。银川,由此拉开了水系整治和湖泊湿地生态修复的序幕。

据银川市水务局负责人介绍,2003 年,银川的标志性水系——爱伊河开工建设,该河沿途接引 6 座拦洪库、2 座滞洪区、众多排水沟道和湖泊湿地,全长 158 千米,其中城市段 43 千米,控制排水面积达 175 万亩。

说起爱伊河,银川市水务局职工朱天桥掩饰不住内心的喜悦:"爱伊河穿城而过,不仅提高了城市的防洪排水能力,改善了人居环境,提升了城市品位,还为市民提供了一处休闲健身的好地方,大家不知道有多高兴。"

通过实施河湖连通、湖泊湿地恢复与保护、水生态修复和治理等工程,银川共保护与恢复黄河滩涂自然湿地 1 万亩,初步形成了沟水、洪水、湖泊湿地相结合的水资源调控体系,生态环境显著改善。其中,湿地保护与恢复项目还荣获"中国人居环境范例奖"。

2013 年,在"大银川"建设中初绽亮丽水容颜的"凤凰城"被列入第一批全国水生态文明城市试点,再次迎来浴"水"而飞的契机。

谈到对水生态的保护,银川市人大环境保护与城市建设委员会主任张宝全说:"这几年,我们的立法达到了前所未有的密集程度。"

据了解,该市近年先后出台了加强黄河银川段两岸生态环境保护、加强艾依河银川段保护、加强贺兰山东麓水源涵养区保护、加强鸣翠湖等 31 处湖泊湿地保护等几十件地方性法规和规章,其中 2013 年一年就达 28 件之多,把绿地、湖泊、河流、湿地等全部纳入了立法保护的范围。

试点建设 3 年多来,银川市从落实最严格的水资源管理制度、节水型社会建设、防治水污染、构建水环境生态圈、加强水文化水情教育等方面出发,全力打造"宜居宜业"的水生态文明城市,揭开了"凤凰"浴水而飞的面纱。到 2015 年年底,该市所确定的水资源、水环境、水生态与水景观、水安全等 6 个方面的 26 项指标,已有 22 项提前圆满完成试点期目标。其中,地下水开采利用量、取水总量、生活节水器具普及率等 4 项指标还提前、超额完成任务。永二干沟、第二排水沟、四二干沟等也由臭水沟变身水清岸绿的景观河,成为沿线 12.6 万群众的"生态福利"。

(三)谱写多赢的"凤凰"传奇

凤凰浴火重生后,其羽更丰,其音更清,成为美丽、永生的传奇。

对银川来说,走过 10 多年的水生态治理与建设之路,这座曾一度失色的"凤凰城"也浴"水"重生,在防洪、生产、生态、经济社会发展等方面,谱写出了自己的多赢"传奇"。

8 月 21 日,贺兰山局地发生特大暴雨,导致银川遭遇超五十年一遇标准洪水,银川利用拦洪库拦蓄洪水 1126 万立方米,有力削减了洪峰,保证了防洪安全。据了解,银川目前已建成较为完善的导、泄、蓄、排防洪基础设施体系,蓄洪能力可以应对百年一遇洪水。

银川水系整治后,建立了地下潜水排水通道,使农田地下水位降低,60余万亩盐碱地和中低产田得到治理改善,每年可提高粮食生产能力6100万千克。仅此一项,每年可直接增加农民收入1亿元。

爱伊河开通后,在两岸种植各类树木220万株,并营造了湖滨植被带,绿化美化面积达4500亩,该河每年还可从洪水、沟水、渠道退水、中水中"变出"1.1亿立方米的水,其宽阔的水面不仅滋养了城市的灵韵,而且促进了区域水循环,使银川市的空气湿度增加了2%,水生态显著改观。

"凤凰"浴水而飞,也极大地提升了城市品位。近年来,该市先后荣获"中国宜居城市""中国最佳生态旅游城市""中国十大最具幸福感城市""国家环境保护模范城市""中国人居环境奖"等多项桂冠。2014年,银川还被评为"2014亚洲都市景观奖",成为本届展会上唯一获得城市景观综合奖项的城市。

栽下梧桐树,引来金凤凰。"凤凰城"在实现自我美丽变身的同时,也极大地吸引了海内外投资商的目光。如今,绿地集团、新华联集团等国内外500强的39家大型知名企业先后进驻银川,项目概算投资近283亿元。2016年,仅河北天山集团便携旗下中产联、天骥航空、"天山海世界·黄河明珠"旅游综合体项目、"天山熙湖"水景洋房社区等四大产品进驻银川,其中"天山海世界·黄河明珠"一项概算总投资就达30亿元,成为招商引资的新传奇。

在 8 月底,银川市行政审批服务局批复了《2017 年银川市水生态文明城市建设试点——北部湖泊水系连通整治工程可行性研究报告》,以充分利用连通水系进行生态环境建设,实现水资源优化配置与合理利用,推动银川市区域生态健康、可持续发展。

"美景一时观不尽,天缘有分再来游。"挥手告别时,我们与银川相约,明年金秋再相会。相信届时,这只浴水高飞的"凤凰"一定会带来新的美丽与传奇!

二、"无鱼死海"里的绿色逆袭

——宁夏彭阳县阳洼小流域治理见闻

在从银川去往彭阳的路上，"西海固"这三个字不断在脑海中翻腾。

西海固地处宁夏南部山区，包括固原、西吉、海原、彭阳等市（县），素有"贫瘠甲天下"之称，曾被联合国粮食开发署认定为世界上"最不适宜人类生存的地区之一"。在作家张承志笔下，这里就是一片"无鱼的死海"。

那会是怎样的一片土地呢。闭上眼，一座座荒山秃岭枯坐在宁南大地上；因缺乏植被保护，在难得的降雨里，雨鞭将裸露的山体抽打出千沟万壑，就像一道道刺目的伤疤；泥沙从山间滚滚而下，带走贫瘠的水土，还有这片土地收获的希望……

黑沉沉的夜色里，我们走进了固原市彭阳县城。当谈到对西海固的认识时，彭阳水务局副局长张志科笑着说："那都是很多年前的事了。彭阳 1983 年建县以来，经过 30 多年的治理，现在是'水不下山，泥不出沟'，漫山遍野都披上了绿装。随着阳洼流域被评为国家级水利风景区，生态环境发生了翻天覆地的变化。明天我们到现场去，亲眼看一看！"

（一）阳洼，西海固的一个痛点

"西海固，你这无鱼的死海，你这黄土如波荒山如浪的苍苍茫茫的凝固的惊涛。你用滴水不存、棵草不生的赤贫守卫

75

自己,你用无法生存的绝境挡住了黑暗的进袭和盘踞。"张承志曾这样描述宁南山区的苍凉。

当地作家石舒清更是悲凉地说:"岂止无鱼,纵目所及,这么辽阔的一片土地,竟连一棵树也不能看见。"

宁夏回族自治区水利厅的一位工作人员也这样告诉笔者:"连人吃的水也没有,都是赶着车子出去拉水,鸟儿渴得跟着拉水的车飞,一飞就是好几里路。"

如果说西海固是一个浑身疼痛的躯体,那么阳洼就是西海固身上的一个痛点;西海固的贫穷落后和水土流失状况是阳洼等地的集体反映,而阳洼,就是西海固苦焦的一个缩影。

张志科告诉我们,阳洼流域位于彭阳县城北,距县城 15千米,涉及白阳、草庙、城阳 3 个乡镇 8 个行政村,有群众 600余户约 3000 多人,属于黄土高原干旱丘陵沟壑残塬区。

黄土高原、干旱、丘陵、沟壑、残塬。仅从这些文字里,我们便体味到了当地自然条件和生态环境的恶劣。

据了解,这里气候常年干旱,年降水量 300 毫米左右,蒸发量却高达 2000 毫米以上,而且山高沟深,水土流失面积达92%,森林覆盖率仅为 3%。

彭阳县扶贫办的一位干部说:"像阳洼这样的流域,我们有几十条,治理前,这些地方全是光秃秃的土山,水土流失特别严重。一下雨,冲的到处是壕,然后形成泥石流进入茹河,最后进入了黄河。"

严重的水土流失,也使群众的生产、生活条件非常艰苦。用当地流传的一句话说就是:"山是和尚头,有沟没水流,十年九年旱,地无三尺平。"

山光、水浊、田瘦、人穷,家园、生活与人们的脸庞一样,布满干枯的愁容。面对旱塬之上这片"不适宜人类生存"的土地,张承志悲怆地说:"这里所谓的生活,就是生出来,活下去。"

(二)拼搏,敢叫阳洼换新天

金秋暖阳里,我们驾车驶上阳洼流域蜿蜒曲折的盘山路。

车窗外,一边是成熟待收的玉米、豆类等作物,呈现着丰收的喜悦;另一边是松、柳、榆、杨和山桃、沙棘、紫穗槐、柠条等组成的乔灌混交林,它们或一行乔木、一行灌木排列齐整,或乔灌间种融合,几乎把山体遮了个严严实实。

"这些年,我们先后获得了'全国造林绿化先进县'、'全国水土保持先进县'、'全国退耕还林先进县'、'全国生态建设示范县'、'全国水土保持生态文明县'等称号。2007 年,胡锦涛总书记还来考察了阳洼流域,当时就站在这个地方。"在阳洼流域的制高点上,说起这些年的生态治理成效和国家领导人来视察的情景,张志科格外自豪。

是啊,谁能想到,一个曾不适宜人类居住的区域,居然摘取了这么多项全国性的生态桂冠,为苍苍茫茫的荒山秃岭披上了一件铺天盖地的绿色衣装。在这浩荡的绿色背后,彭阳人做出了怎样的努力?

"人接班,事接茬,一任接着一任干,一代接着一代干,一张蓝图绘到底。"固原市水务局副调研员王建斌说:"彭阳从建县至今,11 届县委书记、10 届县长,始终坚持'生态立县'方针不动摇,把植树造林、生态建设作为头等大事来抓,全县上下齐动手,'领导苦抓、干部苦帮、群众苦干'。"

阳洼流域是机关干部义务植树的30处基地之一。张志科说,机关干部的办公室里都有"三件宝"——球鞋、铁锹、遮阳帽。植树季节,他们随时"武装"起来,说走就走;每年春、秋两季,全县干部职工还停止办公两周,自带干粮上山,义务植树种草,晚上再处理公务,多年来雷打不动。

为叫阳洼换新天,群众更是背着干粮,"麻乎乎上山,热乎乎一天,黑乎乎回家",常年大半的时间都在整地、挖山、造林,涌现出很多感人的"植树愚公"。尽管种树没有任何补贴和补助,但彭阳县林业部门的负责人说:"干部群众照样激情昂扬。"

2000年以来,彭阳开始加大山区绿化力度,专门成立了彭阳县林业和生态经济局造林队。每逢植树,造林队早上5点就出发,饿了吃口自带的干粮,渴了喝口自带的水,直到夜幕降临才回来。十几年来,他们累计植树200余万株,树木成活率超过99%。队长杨凤鹏说:"以前只要下雨,就泥沙俱下,浑水横流。实行水平沟集雨植树造林以后,就很难见到泥石流了。"

"等高线,沿山转,宽两米,长不限,死土挖出,活土回填。"这是"88542"水平沟集雨造林的顺口溜。在植树过程中,当地探索实践了方格网、弧形、穴状、鱼鳞坑等多种方式。其中,"88542"水平沟尤为见效。王建斌解释,"88542"就是在山体缓坡地段,沿等高线开挖宽、深均为80厘米的水平沟,用挖出的土砌垒高50厘米、顶宽40厘米的外埂,再将沟内侧120厘米范围内的表土回填,形成沟面外高内低、沟里宽2米左右的植树小梯田,这样既可保证雨水就地入渗、自动浇灌树木,又可以防止水土流失。

　　"近年来,彭阳县水平沟整地累计长度能绕地球三圈半,被称为'中国生态长城'。"王建斌这样说。

　　随着经济社会的发展,近年来,彭阳提出:"要将退耕还林与荒山治理、治坡与治沟、林草建设与农田建设、水土保持与群众脱贫致富结合起来,走多元多赢的综合治理之路。"

　　阳洼流域率先进行了山水田林路统一规划,开始对沟坡梁峁垴展开综合治理,大力实施以农田为主的"温饱工程"、以窖坝为主的"集雨工程、以林草为主的"生态工程"、以道路为主的"通达工程",确保规划一次到位、质量一次达标、流失一次控制。

　　"山顶林草戴帽子,山腰梯田系带子,沟头库坝穿靴子"是阳洼流域的生动写照。按照规划,山顶上封山育林,涵养水源;山坡退耕还林还草,保持水土;中下部坡耕地修建高标准水平梯田,发展生产;干、支、毛沟修建淤地坝、塘坝、谷坊、涝池、水窖等小型水保工程,并适当开发沟坝地,发展特色产业,不仅实现了拦泥淤地、减少下游河道淤积,拦蓄径流解决生活和生产用水,还有效防止了沟头前进、沟床下切、沟岸扩张,促进群众脱贫致富等,取得了良好的生态效益、经济效益和社会效益。

　　笔者从有关部门了解到,截至 2015 年年底,阳洼流域水土流失综合治理程度累计达到 93.7%,林草覆盖率达 80.7%,人工造林、草地和基本农田面积达 11.41 万亩,建设淤地坝 5 座、小型水保工程 3000 多座,并荣获水利部、财政部"全国水土保持生态环境建设'十百千'示范工程"称号。

　　陡坡村的一位村民说:"以前,雨稍微大点就发山洪。现在修了梯田,建了塘坝,雨水都被拦截起来了,'三跑田(跑水、跑土、跑肥)'变成了'三保田'。"白阳镇胡志兴家的日光温室杏子还创下每千克100元的"神话",仅此一项年收入可达7万元。他高兴地说:"这在以前想都不敢想。"

流域综合治理也有效地锁住了山上的水土。据统计,该县每年减少泥沙量680万吨,尽自己的力量减轻了黄河的负担。

(三)蝶变,阳洼走进国家水利风景区

站在阳洼流域的山顶望去,满目山桃、沙棘、松树、云杉、柠条等生态林,在秋风的吹拂下,有的树叶仍泛着生机勃勃的绿意,有的逐渐转为艳丽的金黄或大红,一片绚烂。对面山上,从山腰到山底,缠绕着一层黄一层绿的水平梯田,就像沂蒙山小调里所唱的那样,"一座座青山紧相连,一朵朵白云绕山间。一片片梯田一层层绿,一阵阵歌声随风传……"一派美不胜收的景象。

张志科告诉我们:"阳洼流域不光秋天美,而是'季季有景',尤其以'梯田'和'花海'著名。2013年,我们的旱作梯田入选'中国美丽田园'十项景观之一,可以和云南的'元阳梯田'媲美;每到春天,杏花、桃花漫山遍野,特别漂亮,很多人都开车来自驾游。"

近年来,随着生态环境的不断改善,彭阳积极推进生态旅游,先后成功举办了五届"山花旅游节",通过开展"百里画廊"越野赛和"摄花海"、"绘画海"、"赞花海"等赛事,大做生态文章,着力发展生态经济。2017年4月,首届"宁夏休闲农业推进年"活动也在山花节开幕式上启动,进一步推介了彭阳果脯等特色产品和地方"农家乐",拓展了群众的增收渠

道。据统计,2015 年,阳洼流域共接待游客 7. 9 万人次,日最高接待量达 3000 人次。

对阳洼来说,更大的喜讯还在后面。2017 年 4 月,阳洼顺利通过评审,成为宁夏首个以小流域治理为特色的自治区水利风景区;9 月,该流域再次实现新的跨越,晋升为水土保持型国家级水利风景区!

对于为何要申报国家水利风景区,彭阳县政府的一位同志说:"一是有利于当地农业发展,促进区域内与附近农民增收;二是有利于水保工程增值和长远发挥效益。此外,还有一项很重要的作用,那就是有利于提高民众对水保生态的认识与重视,有利于普及水土保持知识。"

水到绝境是飞瀑,人到绝境是重生。阳洼,这处"无鱼的死海"中的一个痛点,经过 30 多年的治理,实现了绝境中的绿色逆袭,成为小流域治理的典范。如今在彭阳,经过治理后初具旅游价值的,还有大沟湾、麻喇湾、杨寨、王洼、南山等很多小流域,它们和阳洼一样,努力生长、拓展、联手,汇成一股强大的生态之潮,不断发展前进,正一步步地染绿自身、染绿彭阳、染绿西海固……

三、半壁宁夏的流动丰碑

一个连名字都叫"喊叫水"的地方,会干渴成什么样儿?9月10日,笔者走进宁夏中部,一探究竟。

(一)"喊叫水"里深切的痛

喊叫水是宁夏回族自治区中卫市中宁县的一个乡,2003年12月前隶属吴忠市同心县,地处中国西北部干旱带。当地年降水量二三百毫米,蒸发能力却为降水量的 7~10 倍。

因为缺水,改革开放以前,当地农民完全"靠天吃饭",一直生活在贫困线以下。1973年发生大旱时,同心县平均粮食亩产只有几千克。

饮用水也严重困扰着人们的生活。宁夏固海扬水管理处处长于国兴说:"我以前参加高速公路施工时,曾在喊叫水乡住过。从井里提上来的水,看着清亮亮的,喝上麻苦麻苦的,根本喝不成。"

为给家里的水窖贮存淡水,村民夏天积雨,冬天扫雪、下河搬冰。因为争抢雨水、雪水、冰块,还有人在殴斗中受伤、致死,成为一个家庭、一个村庄、一个区域永远抹不去的伤痛。

其实,不光是吴忠市、中卫市,还有固原市等地,宁夏中南部干旱带的群众都在"喊叫水"。而在这片干旱的大地上,土地面积和人口数量分别占宁夏回族自治区的 64% 和 45%,可谓宁夏的半壁河山。

（二）千年黄河上高原

跟着于国兴，来到固海扬水工程取水口。泵房前，浊流激荡的黄河水滔滔东去；泵房后，7 根直径达 1.6 米的水泥管道如 7 条粗壮的动脉血管，经过 8 级泵站、460 多米扬程、100 多千米艰难跋涉，把生命之水送往固海灌区。

在黄河流经的省（区）中，宁夏是唯一完全属于黄河流域的省（区），其北部地区受黄河恩宠，成为有名的"塞上江南"。宁夏中部干旱带其实距离黄河并不太远，但因高程问题，提灌动力一直无从解决。

于国兴说："1968 年，黄河青铜峡水利枢纽首台机组并网发电，为我们从黄河提水提供了电力可能。在党和政府关怀下，宁夏固海扬水工程于 1975 年开建。"

据了解，该工程由同心扬水工程、固海扬水工程、固海扩灌扬水工程 3 个系统组成，经过建设者艰苦卓绝的努力，分别于 1978 年、1982 年、2003 年建成投运。

"近 20 年来，国家和自治区还分别实施了大型泵站更新改造、续建配套节水改造、中型灌区改造等项目，逐步改善老化的工程设施，保证了工程安全运行和效益发挥。"于国兴说。

"千年黄河上高原"，正如固海扬水工程标志性建筑上的题词所言，通过投运 29 座泵站、464 千米干渠和支干渠、1400 余座水工建筑物，自古择低就下的河水登上高原，送来母亲般的恩泽。截至目前，宁夏固海扬水工程累计引水 102 亿立方米，现状总灌溉面积 170 余万亩。

（三）一座流动的丰碑

百瑞源枸杞基地地处中宁县与同心县交界处。站在高原上眺望，长1000余米的长山头输水渡槽，如一条巨龙腾空而起，蔚为壮观。渡槽下，是大面积绿油油的枸杞园。

有关资料显示，宁夏固海扬水工程如今担负着吴忠市同心县、红寺堡开发区，中卫市沙坡头区、中宁县、海原县，固原市原州区，以及国营长山头机械化农场、中卫山羊场等3市6县（区）2场共16个乡镇的灌溉供水和灌区周边山区人畜饮水供水任务，灌区受益人口61万人、牛和羊等家畜30万头。

于国兴说："包括喊叫水乡在内，整个灌区的生产、生活条件发生了翻天覆地的变化，群众都把黄河水称为'甜水'。"

甜甜的黄河水送来的不仅是饮水安全，还有粮食丰产丰收和区域经济社会发展。据统计，2017年灌区粮油总产量7.57亿千克，农林牧总产值29.11亿元，人均收入5895元。1978—2016年，灌区农、林、牧累计产值达281亿元。

2006年，宁夏中部遭遇50年一遇特大干旱，山区粮食几乎绝产。但在固海灌区，由于扬水工程的保障，粮油产量和农业总产值稳定，人均收入2900余元，为1980年人均收入的96倍，奠定了民族地区稳固的根基。

该工程也是名副其实的生态移民扶贫工程。灌区内很多群众由宁夏南部贫困山区搬迁而来，他们在灌区实现安居乐业，走出了祖祖辈辈生活困苦的泥沼，同时使宁南山区生态得以休养生息。

固海扬水灌区的开发建设，也在加快荒漠化治理步伐、改善宁夏中部干旱带生态环境、促进全自治区生态环境治理与保护等方面发挥重要作用,使宁夏成为荒漠化逆转的省(区),筑牢了西部生态屏障,为国家生态安全贡献了宁夏力量。

历史总是埋伏着太多的巧合与惊喜。走访中笔者留意到,宁夏固海扬水工程的首个系统——同心扬水工程投入运行的时间,恰好是党的十一届三中全会召开的 1978 年,也就是说,整个固海扬水工程参与并见证了改革开放 40 多年来固海灌区发展变化的全过程,也正是在国家与人民的同心努力下,方铸就了这座润泽半壁宁夏的流动丰碑。

四、世外桃源镇朔湖

此次由青海到内蒙古再到宁夏,一路上,所见之水以多姿多彩的美托起了一个个水生态文明城市的现在与未来,让我们既领略了高原湖泊的壮美,又饱览了城市湖面的灵动;既感受了黄河源头的艰险,也品悟了河渠沟道的价值。而这一路上所见最为秀美与质朴的便是石嘴山市平罗县的镇朔湖。

平罗县最著名的湖泊是沙湖,可能除了当地人,知道镇朔湖的并不多。但也许正是这份无闻,为镇朔湖保留了恬淡与静谧的气质,仿佛一片世外桃源。

质朴秀丽镇朔湖

这片世外桃源的过往却并不恬淡,此刻呈现在笔者眼前的秀美、澄净与安详是一番艰辛才换来的。

1952年，奉毛泽东主席命令，中国人民解放军西北独立一师正式改编为农业建设第一师，挺进平罗县西大滩，6800名官兵揭开了创建农场的序幕，国营前进农场由此诞生。而著名的沙湖及镇朔湖便坐落在前进农场境内。

"三个胡基(方言，一种土坯)支一口锅，两捆麦柴是一个窝，枪炮一架，背篼一背，锹一扛，石夯一抬，风里来，雨里去，战严寒，斗酷暑，披星戴月修地球。"这段顺口溜概括了当时平罗艰苦的自然条件、生产及生活条件和官兵们的昂扬斗志。由军垦转为农垦，官兵们从硝烟弥漫的战场到满目荒凉的西大滩，在盐碱滩上挖地窝、搭帐篷，春天迎着狂风飞沙，夏天冒着高温酷暑，冬天顶着零下20摄氏度的严寒，刮风吃的是沙子饭，喝的是苦水、碱水。挖渠、种地、搞基础建设，3年时间实现了粮食自给自足。

1956年，苏联农业专家到前进农场考察，他们认为这里土壤条件太差，要改造只能是下一代人的事情。农场的同志们听后心里虽不是滋味，却没有一丝气馁与退却。经过学习研究，农场职工对原有田地进行了五大改造，成功实现"盐碱下去了，排水顺利了，灌面缩小了，单产提高了，总产增加了"。过去1亩水稻产量不足200斤，土壤改良后亩产逐步提高到现在的1200斤，创下了当地白僵土盐碱地的历史最高产量。随着粮食产量上升，为了富起来，在以农业为主的基础上，农场搞起了多种经营，先后办起了酒厂、粮食加工厂，建起了养猪场、养鱼湖等一系列经营企业，经济效益显著增长。

在靠双手改善了生态环境、打下良好的物质基础后，20

世纪 80 年代，趁着国家大力发展旅游业的势头，凭借着烟波浩渺的湖水、随风摇曳的芦苇、连绵起伏的沙丘，经过开发，前进农场的万亩鱼湖逐步发展成为沙湖旅游区。

与沙湖蜚声中外不同，与之相隔仅 30 余千米的镇朔湖多年来只是默默无闻地沉寂在前进农场的一隅，在寒来暑往中不疾不徐地经历着自己的变迁。

镇朔湖西依巍巍贺兰山，是由古老的小西河和贺兰山山洪汇集而成的永久性淡水湖，地势西高东低，属于西大滩碟形洼地地貌，是银川平原北部重要的湖泊湿地之一。随着经济社会与现代水利的发展，这片自然湖泊于 20 世纪 70 年代中期承担起自己的第一个"社会角色"——拦洪库，主要承接贺兰山东麓中段大西伏沟以北、汝箕沟以南区域的山洪。初建时，主库面积仅 4.7 平方千米，总库容 940 万立方米，库底高程 1097 米，堤顶高程 1100 米。因受三二支沟水位顶托，拦洪库内高程在 1098 米以下的水无法排出，实际蓄水能力只有 584 万立方米。1998 年 5 月 20 日至 6 月 11 日，受两次较大暴雨山洪的袭击，镇朔湖拦洪库局部堤坝决口，造成大面积农田受淹，损失严重。为此，当地水务部门于 1999 年分别在水库泄洪沟道南、北两侧扩建起了库容为 100 万立方米和 500 万立方米的Ⅰ、Ⅱ号库区，新建开敞式分洪闸 2 座、退水库 1 座。随后，又在 2009 年完成了水库除险加固工作，主库及 3 个分洪库总库容达到了 1985 万立方米。

相较于沙湖的繁华，在前进农场另一隅的镇朔湖，多少年来只是默默地守护着 110 国道、包兰铁路、姚汝公路等重要基础设施和平罗县崇岗镇 6 个行政村，以及前进农场 6 个队的 2 万多名群众与 8 万多亩农田、1000 亩鱼池的安全。

随着生态文明的发展及改革开放的不断深入和西部大开发战略的实施,作为银川平原北部重要的湖泊湿地之一,为了充分发挥镇朔湖湿地的生态、社会和经济效益,2014年,镇朔湖迎来了自己的第二个"社会角色"——国家湿地公园(试点)。湿地公园东西长7千米,南北宽3.6千米,总面积约2.4万亩,共划分为五大功能区,其中保育区1.23万亩、恢复区9776亩、合理利用区910亩、科普宣教区512亩、管理服务区496亩,分别占规划总面积的51.30%、40.72%、3.79%、2.13%和2.07%。高达92%的保育区与恢复区比例,昭示了镇朔湖湿地公园"还湖以本真、还湿地以本真"的理念与目标。

为推动湿地保护工作的深入开展,平罗县大力实施了退耕还湿、退塘还湖工程,有效利用水库和农田退水及丰富的地下水资源,恢复和构筑了良性循环的湿地生态系统;同时,成立湿地保护管理站,加强对湿地的巡护和管理,定期进行鸟类监测、水质监测、生态修复、鸟类栖息地恢复、湿地植被恢复等工作。

在承担起新的社会角色后,镇朔湖受到了越来越多的呵护。正如笔者在湖边所见:澄净的湖水搭配任意生长的芦苇,素颜的镇朔湖显得格外天然与质朴,没有人工刻意修建的商业建筑,乡间民房旁边一艘陈旧的渔船似在回忆着自己曾经的辛劳,上了年纪的村民三五成群地凑在一起,坐在湖边垂柳下,吹着湿润的小风,聊着暮年闲适的生活,世外桃源般的美景令人心动。

镇朔湖不仅美景令人心动,辽阔的水域、静谧的环境也令各种野生动植物"心动"。根据近年来相关权威资料记载,镇朔湖湿地现有野生脊椎动物6纲26目53科208种,其中鸟类资源最为丰富,共有 34 科 153 种。另有爬行类 2 目 5 科 7 属 10 种,鱼类 4 目 8 科 22 属 23 种;植物 48 科 124 属 162 种,浮游植物 37 科 84 属 117 种,形成了较完整的生物多样性综合系统。

如今,镇朔湖已成为国际上和中国西部鸟类重要迁徙路线上的停留与繁衍地。黑鹳、白尾海雕和大鸨等 4 种国家一级保护动物在这里安家落户,大小天鹅、鸳鸯、红隼等 17 种国家二级保护动物也在这里栖息。

蓄洪抗旱、保持水源、净化水质、调节气候、维护生物多样性……镇朔湖如一位任劳任怨的农村姑娘,虽朴素却有担当。

五、水洞沟:打好文化、生态两张牌

"魅力沙都,沙坡头;历史探秘,水洞沟。塞上江南,神奇宁夏。"

这条宣传宁夏旅游的广告每天都会在中央电视台播出,无疑,水洞沟遗址是宁夏旅游的一张文化名片。

水洞沟遗址位于宁夏灵武市临河镇水洞沟村,是3万年前人类繁衍生息的圣地。1923年,法国古生物学家德日进、桑志华在这里发现了史前文化遗址,通过发掘,出土了大量石器和动物化石,水洞沟遗址因此成为我国最早发现旧石器时代的古人类文化遗址。

与水洞沟遗址声名鹊起不同,从遗址旁默默流过的水洞沟并不为人所知,说起水洞沟,人们也都只知遗址不知河。这条将名字给了这片古人类文化遗址的河,自己却在长久的岁月里默默无闻,险被遗忘。

水洞沟属黄河一级支流,发源于内蒙古鄂托克前旗火石滩,流经灵武市及银川市滨河新区入黄河,全长73千米,承担着区域排洪任务。由于沿河有泉水溢出,形成许多小洞,故称水洞沟。

多年来,由于缺乏系统治理,水洞沟沿线岸坡出现坍塌,河沙淤积严重,沟道也成了滩涂地,加之采砂等人为影响,行洪断面萎缩,沟道行洪安全令人担忧。

随着银川"生态立市"方略的提出,为做足做好水生态文明建设文章,银川争取到了多个国家及自治区项目,水洞沟中小河流治理便是项目之一。这条既"著名"又鲜为人知的河流随着项目的实施迎来了属于自己的发展机遇。

车行至水洞沟入黄处,展现在我们面前的是一派江南水乡与塞上风光相融合的景致。质朴的渔船静静地停泊在微有涟漪的水面上,一旁的木屋将倒影洒在水中与船相伴;长长的栈桥将目光引向一座小岛,其上绿树掩映间一座小亭显得雅致脱俗。在温柔水乡中沉醉不多时,远处粗犷的黄土与窑洞很快又将视线吸引过去。

听同行的银川市水务局人员介绍,治理前,这里是片垃圾遍地的滩涂。被纳入水洞沟遗址旅游区后,作为银川市东线旅游带的核心部分,水洞沟趁着整治工程,旧貌换了新颜,不仅加入了发展旅游业的大军,更为银川的生态建设做出了贡献。眼前所见便是水洞沟治理工程中生态景观部分的成果。

为了全面改善水洞沟流域生态环境,推动滨河新区全域5A级景区建设,银川市于2014年实施了水洞沟综合治理工程,治理范围从水洞沟流入滨河新区境内开始,穿203省道,沿黄河军事文化博览园西侧汇入黄河,全长共9.5千米。项目包括水利工程和生态景观工程两部分,其中,水利工程段主要包括河道疏浚、岸坡修整、河槽砌护、溢流堰建设;生态景观工程治理范围为203省道以北至黄河入口处,长约1.2千米,占地约27万平方米,根据本区域原有的地理地貌,打造以原生态峡谷风貌景致与河口湿地景观相结合的生态休闲游赏区。

随着沿线各项治理措施的落实,水洞沟沟道防洪抗灾能力得到了提升,华丽转身的生态公园还将滨河新区黄河外滩与军博园等进行了连通,一条生态旅游观光带在黄河岸边悄然成型。这项集防洪排水、水土保持、水资源综合利用、休闲观光于一体的典范工程,已成为滨河新区的重要景点。

　　水洞沟综合治理不仅提高了河流的防洪标准,还达到了修复湖泊湿地、改善生态环境、综合利用水资源的目的。由于工程在沟道沿途设计了 4 座溢流堰,分段蓄滞上游来水,为沟道两侧的生态绿化提供了水源保证,促进了沟道水资源的综合利用。同时,工程以自然野趣、湿地观光、滨水休闲为主旨,按照旅游景观进行生态治理,使沟道最大限度地发挥了生态效益,为市民提供了一处黄河畔的湿地体验区。

　　此外,水洞沟综合治理项目还是宁夏投资建设的第一个城市水土保持项目,开创了银川市城市水土保持生态建设的先河。工程实施后,使滨河新区风力、水力综合侵蚀模数由治理前的每年每平方千米 3400 吨下降到治理后的 800 吨,理论上年均可减少水土流失量 21 万吨,年新增保水量 65 万立方米,达到了治理水土流失面积 66.67 平方千米的目标。

　　从远古走来的水洞沟,如今已汇入了生态建设的大河,并随着大河奔向了远方。

六、星海湖：从城市之疮到城市之肺

"中国体育彩票杯"2016年宁夏石嘴山全国铁人三项冠军杯赛于2016年7月2—3日在石嘴山美丽的星海湖畔开赛，吸引了国内外近千名专业运动员参加。

这是该赛事第五次走进石嘴山。优越的地理条件，良好的生态环境，尤其是铁人三项运动理念与"五湖四海、自强不息"的石嘴山精神的高度契合，造就了石嘴山承办该赛事的独特优势。

中国网对全国铁人三项冠军杯赛进行报道的同时，也将石嘴山的"生态名片"展现在读者面前，而这张"名片"中，星海湖的位置十分抢眼。

星海湖

如今，拥有23平方千米水域的星海湖，已成为全国首批中国文化旅游新地标、国家水利风景区、国家水上运动训练基地。然而，在十几年前，莫说举办水上赛事、成为风景区，恐怕光站在它旁边都是件令人避之不及的事，谁会愿意面对一片污水横流、臭气熏天、蚊蝇肆虐的城市垃圾场呢？

星海湖地处石嘴山市大武口城市区东北,原是古黄河自西向东游移过程中形成的自然湖泊湿地,也是自然形成的山洪泄洪区,主要担负着贺兰山东麓大武口沟、归韭沟、大风沟、小风沟及汝箕沟的洪水调蓄任务。

作为西北地区的工业重镇,自1956年以来,随着石嘴山市工厂企业的不断扩张、农场规模的逐步加大,泄洪区被挤占,面积不断萎缩,加之工业废物的流入和城市垃圾的倾倒,煤矸石、粉煤灰和烂泥塘渐渐掩盖了湖泊湿地本来的面目,取而代之的是一片名副其实的城市之疮,令石嘴山隐隐作痛。

在埋头发展工业,只算经济账的岁月里,石嘴山的天是灰的,水是污的,环境、人居都被抛在了脑后,全国重点污染城市的黑帽子石嘴山扣得结结实实。

然而,以生态环境为代价的城市发展终归在资源约束趋紧、环境污染严重、生态系统退化的严峻形势面前停下了脚步。作为资源枯竭型工业城市,石嘴山踏上了转型之路。也正是以突出"山水园林、重工基地"为特色的生态转型,把绿水、青山还给了煤城石嘴山。

2002年12月,石嘴山市山水园林城市的标志性工程——抢救性保护星海湖湿地综合整治项目启动。随着一期工程、二期工程及旅游景观功能完善工程的实施,星海湖"蓬头垢面"的旧貌逐渐改变。经过4年多的不懈努力,共恢复湿地自然保护区43平方千米,疏浚清淤扩整水域面积20平方千米,蓄水能力由整治前的1150万立方米达到目前的6300万立方米。

星海湖,这片集城市防洪调蓄、生态保护、水土涵养等于一体的城市生态湿地保护区破茧而出，"调、蓄、补"水系格局正式形成。星海湖常年蓄水 2300 万立方米左右，可灌溉下游 5 万亩农田，并使大武口区的城市防洪标准由 10 年一遇提高到了 50 年一遇。

2009 年 1 月，星海湖被命名为国家湿地公园，城市之疮不再存在，城市之肺开始"纳故吐新"。

然而，新的问题接踵而来。星海湖的水源补给主要来源于第二农场渠、山洪水、城市污水处理后的中水及周边雨水。由于多年没有大洪水的进入，湖水也就没有了外泄的机会，只有蒸发和下渗消耗，导致水体积盐增加、矿化度增高，水环境变差。同时，黄河水和山洪水的流入，带来了大量泥沙，湖水补给后，在补水口等处出现泥沙淤积，使星海湖库容减少，影响了水域的开发利用。

2014 年 5 月石嘴山市被列为水利部第二批全国水生态文明城市建设试点后，把"医治"星海湖的"慢性病"提上了重要日程。

试点期间，石嘴山市积极研究与探索以沟水、渠水为水源的沿程湖泊湿地连通工程，计划通过"治用联合"，在提高水资源循环利用的同时，增强湖库湿地的水动力，改变湖泊静水水体占比过大、水质恶化趋势，达到湖库湿地水环境改善和水生态功能恢复的目的。目前，多水联用示范——以星海湖为中心的水系连通水资源综合优化利用工程已完成了生态供水泵站和工业水厂的土建和设备安装。同时，沙湖与星海湖水系连通综合整治工程已完成了初步设计报告，市发展改革委已对项目进行了审查批复。

除了在大尺度空间下搭建的工程措施，星海湖自身"免疫力"与自净能力也正在通过星海湖湖泊富营养化防控及水生植物种植保护建设工程、黑臭水体治理工程等逐步得以提高。

星海湖湖泊富营养化防控及水生植物种植保护建设工程片区通过种植水生植物,形成稳定、健康的水环境和种类多样、结构完善的植物群落,同时考虑引入其他与水质净化、生态修复有关的设施工程,改善星海湖北区原有水体水质,实现湿地资源和景观资源永续利用;星海湖黑臭水体治理工程片区则通过建设生物氧化塘、沟塘分离工程,对汇入项目区的尾水水质进行提升,从而达到洪水和污水分离、美化环境、增加水资源量的目的。

从城市之疮到城市之肺,在星海湖的嬗变之路上,石嘴山市既是付出者也是受益者;为了保护好、调养好这片难得的城市之肺,石嘴山市仍在探索着、实践着,付出不可谓不多,而收益亦更可期。

七、银川一宝：宝湖

2月的银川，用"冰天雪地"来形容十分贴切。但当整个城市被严寒所包围的时候，却有一股热火朝天的干劲在城市一角蒸腾着，融化了冰雪，模糊了昼夜。这里便是宝湖生态修复综合整治工程的清淤施工现场。

关于宝湖名称的来源有两种说法，一种是说湖的样子像个银光闪闪的大元宝，所以取名"宝湖"；另一种则是说湖里真的有宝，是宁夏七十二连湖中最金贵的一个，所以叫"宝湖"。

作为银川南部较大的一片自然湿地，宝湖素有"银川之肺"的美誉。湖中当然没有真的金银财宝，但作为城市中不可多得的一片湿地，宝湖本身便是银川的一宝——为这座城市"纳故吐新"，构筑了良好的城市生态环境。

宝湖全景

宝湖公园自 2005 年开园,2007 年被评为国家级城市湿地公园,但由于缺乏管护等一些原因,导致湖泊出现淤积、景观布设杂乱、基础设施陈旧等问题突出,已不能充分发挥城市湿地公园的调节功能,也不能满足市民休闲、娱乐、观光的需求。

秉持"生态立市"方略的银川市明白,正是一片片碧波荡漾的水面成就了银川的美丽与灵动,保护不好这些天赐的珍宝,便如同蒙上了银川灵动的眼睛。近年来,银川逐渐加大在水生态修复、治理、保护等方面的工作力度,尤其在2013 年入选全国第一批水生态文明城市建设试点以来,结合"碧水蓝天,明媚银川"城市品牌的打造,持续加大资金投入,加快项目建设,水生态文明建设的文章越做越好、越做越精。通过实施水系连通、河湖整治、"龙须沟"治理、水系岸线景观提升等水环境综合整治,使水系水域面积占到了城市建成区面积的 10%,再现了"城在湖中,湖在城中"的"塞上湖城"景观。2016 年,宝湖也终于搭上了银川市水生态文明建设的这趟快车。水利部 2016 年度江河湖库水系连通中央补助项目"艾依河水系连通—宝湖生态修复综合整治工程",更是为宝湖重焕新姿开展了大量卓有成效的工作。

为使工程早开工、早建成,群众早受益,作为具体操作与实施者,银川市水务局早规划、早行动,利用"准备之冬",完成项目的立项、可研、初设的批复等前期工作,并抢抓冬季清淤的黄金季节,根据冬季封冻,有利机械作业、可有效节约清淤成本的实际情况,对各相关工作提前下手、及早落实。2016 年 1 月 8 日,银川市行政审批服务局提前批复了清淤工程建设方案,保证了清淤工程的及时开工。

2016年1月30日,清淤工程正式开工。建设者们战严寒,斗冰雪,不舍昼夜,仅用1个月时间就全面完成清淤任务。在这个寒冷的2月,宝湖的上空弥漫着的却是热腾腾的繁忙气息,融化了一方冰雪,暖热了一方冻土。

随着气温转暖,建设者们又马不停蹄地展开了沿岸景观建设、绿化等一系列工程。

当金秋9月,笔者来到在宝湖湖畔时,目光所及绿意盎然,宽阔的水面碧波微澜,热火朝天的施工场面已不复存在,取而代之的是小规模的绿化与亮化收尾工作。新修建的湖滨广场给人以"高大上"的感觉,开阔的景观设计、合理的植被布局,与"塞上明珠"的大气个性十分匹配。矗立在广场上的一根根篆刻有名言警句、古诗词的汉白玉石柱,以别具一格的形式对西夏文化、伊斯兰文化及地域文化等进行了展示。每逢休息日,来湖边休闲玩乐的市民很多,有孩童追逐嬉戏,亦有老人静观湖面享受恬淡时光,动静皆宜,悠然自得。

在优美、安静的环境背后,是建设者们的不懈努力,他们在短短几个多月的时间内便基本完成了宝湖生态修复综合整治工程的建设任务。截至9月,累计完成投资8645万元,投资完成率达95%;完成清淤工程,清挖土方35万立方米,治理湖面560亩,新增湖面190亩;完成护岸工程,2.5千米长的湖岸得到提升,设置浆砌石挡土墙500立方米、格宾网笼4729立方米,铺设花岗岩面层1691平方米、沙滩3544立方米;修整临湖建筑物等外立面1312平方米,新建卫生间83平方米;完成广场铺砖、园路建设、木栈道、亲水平台、廊架及种植绿化等景观工程。

数字是冰冷的,而其所反应的成效却在百姓心中温暖无比。

"问渠哪得清如许,为有源头活水来。"淤泥清除了,配套设施跟上了,没有活水宝湖依然活不起来、美不起来。为此,项目还将宝湖与七子连湖两个相对独立的湖泊通过唐徕公园景观水系进行了连通,使宝湖实现了水体流动。"我们还打通了宝湖的排水出路,宁城退水沟末端设溢流堰一座,起到保证水系水位的作用。"同行的银川市水务局工作人员说。

有了活水、有了配套,如果后续管理跟不上,宝湖难免重蹈昔日覆辙。"我们还通过招标的方式选择物业公司,负责湿地公园的日常管护,我们定期或不定期考核他们,确保管理好、呵护好宝湖的一草一木、一砖一石。"银川市水务局工作人员的一句话,为宝湖的美丽明天许下了承诺。

第四章　内蒙古篇

一、龙行北疆,给河套带来了什么

这是个成熟的季节,我们来得正是时候。

从河套灌区入口黄河三盛公水利枢纽驱车东行,到河套灌区出口乌梁素海,250 余千米道路两旁,一方方葵花低垂着脸盘儿,一片片瓜地铺满果实,连绵的玉米田也进入丰收倒计时,到处弥漫着香甜和幸福的味道。

"有了黄河水的浇灌,河套灌区土地得到了很好开发。特别是改革开放 40 多年来,灌区人民的生活就像我们这儿的蜜瓜一样,特别甜!"内蒙古河套灌区管理总局(简称河灌总局)办公室宣传秘书科科长梁勇这样告诉我们。

(一)这是一片怎样的土地

黄河宛如一条巨龙,从青藏高原踏歌而下后并未直直入海,而是一路昂扬北上,直奔阴山,再向东向南,在祖国北疆留下一个巨大的"几"字弯,就像龙行华夏时弓起的脊背。

如果把黄河从河套板块上抽走,这片土地会是怎样的景象?

梁勇告诉我们,河套灌区所在的巴彦淖尔市地处干旱半干旱地区,多年平均降水量 150 毫米,蒸发能力却高达 2200毫米,约为降水量的 14 倍;多年平均日照时数在 3100 小时以上,是中国日照时数最多的地区之一。眼下虽然已是 9 月,但在太阳底下,不大一会儿,衣服便像起了火一样,发出火辣辣的灼烫感。

从中国地图上也可以看出,黄河"几"字弯左侧和下方,

105

是乌兰布和沙漠与库布其沙漠。两个沙漠隔河相望,最近的地方只有一条河的宽度。

在蒙语中,乌兰布和、库布其分别为"红色公牛""弓上的弦"之意。如果没有黄河从中阻隔,"红色公牛"疯狂东奔与库布其汇合,"弓上的弦"向北射出沙箭直刺阴山,我国北方的土地沙化面积将进一步扩大,给当地气候、环境、人居和区域经济社会发展带来严重影响,甚至造成生态灾难。

"巴彦淖尔市西邻还是我国沙尘暴的策源地。如果没有黄河,没有黄河水的滋润和河套大地上茂盛的林田,风沙东进畅通无阻,京津冀地区的生活、生态和发展环境不可想象。"梁勇说。

(二) 为河套织一张密实的水网

所幸,河套大地拥有黄河。

河套灌区的引黄灌溉历史已有2000多年,灌溉体系从秦汉开始构建,到民国时逐步形成十大干渠。但由于缺乏控制性工程,河水水位无法调节,故一直采用多口无坝自流引黄灌溉方式,水涨时河水自然流入渠道,若黄河来水小无法入渠,大面积土地就只能望河兴叹,完全"看黄河的脸色吃饭"。

时间进入1959年,河套灌区无坝自流、多口引水的历史归于终结。这一年,三盛公水利枢纽开工建设,经过2万余人3年时间的艰苦奋战,在内蒙古自治区巴彦淖尔市磴口县与鄂尔多斯市杭锦旗之间的黄河干流上,一座18道孔洞、全长325.84米的拦河大闸巍然耸立,实现了河套灌区从无坝引水到有坝引水的第一次跨越,揭开了亚洲最大一首制自流引水灌区的新篇章。

河灌总局供水处处长付国义解释说："一首制就是只有一个引水口，灌区所用的黄河水，全部通过三盛公水利枢纽调节。灌区最下游的乌梁素海与三盛公的高差约 30 米，也为自流灌溉提供了条件。"

与此同时，灌区内的工程也如雨后春笋般生长起来。笔者了解到，新中国成立以来，河套灌区掀起引水工程、排水工程、世行项目配套等大规模水利建设，先后开挖灌区总干渠、疏通总排干沟，完成农田水利配套、黄河堤防、排水改造等一系列重大水利工程项目，完成从有灌无排到灌排配套的第二次跨越，形成了密实的灌排工程体系。

"黄河北，阴山南，八百里河套百粮川，渠道交错密如网，阡陌纵横似江南。"正如国家非物质文化遗产河套民歌爬山调中所唱，目前河套灌区拥有总干、干、分干等 7 级灌排渠道（沟）10.36 万条、6.5 万千米，各类建筑物 18.35 万座，引黄灌溉用水保证率进一步提高，为灌区事业发展提供了不可或缺的水支撑。

据统计，三盛公水利枢纽建成运行以来，河套灌区累计引用黄河水 3000 多亿立方米，其中改革开放 40 年来引黄用水量 1923 亿立方米；灌区灌溉面积由 547 万亩发展到 20 世纪 80 年代的 680 万亩，到目前已形成近千万亩规模，牢牢夯实了全国 3 个特大型灌区之一的地位。

河灌总局有关负责人感慨："说'水生河套'一点也不过分。可以说，没有水就没有河套灌区，也就没有巴彦淖尔市。"

（三）挺起灌区持续发展的脊梁

采风中，一组数据引起笔者极大的关注：

20 世纪 80 年代,河套灌区灌溉面积 680 万亩,年均引水 52 亿立方米;

1997 年,灌溉面积 861 万亩,引黄用水 51 亿立方米;

2010 年,灌溉面积扩大到 900 多万亩,引黄用水量逐年减少,近 5 年,灌区用水量基本控制在 47 亿立方米左右。

原有分水指标本不宽裕,随着经济社会的发展,水资源供需矛盾愈发尖锐。河套灌区何以能在灌溉面积不断扩大的情况下,实现引黄水量持续走低?

梁勇告诉我们,多年来,河套灌区以落实最严格水资源管理制度为核心,不断深化引黄灌溉制度改革,积极探索田间精量化供水管理,以及"总量控制、定额管理、量水而行、以水定播"灌溉管理制度,还建立起了用水者协会、"一把锹"浇地、"包浇小组"等灌户自主管理新机制。

旧皂火用水者协会涉及该县塔尔湖镇 5 村 31 社,协会成立前,上下游村社之间因浇水顺序、浇水摊费等纠纷不断。会长杨根旺说:"协会成立后,群众推选专门人员负责水量分配、水量调度、流量计量、水费计算等工作。现在'大锅水'意识转变,用水秩序理顺,渠道工程得到维护,水费征收及时规范,近 3 年每年用水量 2000 万立方米左右,比 2010 年减少约 500 万立方米。"

目前,包括用水者协会在内,河套灌区共有各类灌溉群管组织 597 个,参与农户达 19.1 万户,综合管理效益十分显著。

1998 年,河套灌区迎来工程性节水的历史性转折——灌区被水利部列为大型灌区续建配套与节水改造项目的试点项目区,工程节水建设提挡、加速。20 多年来,河套灌区共改善灌溉面积860万亩,灌区建筑物工程完好率由54%提高到75%,目前年用水量较1997年减少5亿立方米左右。

"2014年1月至2017年12月,我们还在沈乌灌域实施了水权转让试点工程,这是水利部确定的全国7个试点之一。"河灌总局农牧处处长赵贵成说。

据了解,通过水权交易融资,沈乌灌域87万亩范围内实施了节水及配套工程建设,年节水2.35亿立方米,其中,跨盟市转让水量1.2亿立方米。该试点解决了内蒙古自治区黄河流域40多个工业项目的用水问题,取得了区域农业综合节水、工业用水、生态补水、农民增收、工业增效、生态修复等多赢效果。

在政府和市场"双手"主导下,膜下滴灌、喷灌等高效节水灌溉技术纷纷走进灌区,种植结构也相应得到调整,高耗水作物种植面积由过去的60%压缩到目前的41%。

据统计,2000年以来,通过管理节水、工程节水、技术节水等综合节水措施,河套灌区累计节水达48亿立方米,实现了由粗放灌溉到节水型社会建设的第三次跨越。节约下来的水资源,由田间地头走向工业、生态、生活领域,进一步挺起了区域经济社会持续发展的脊梁。

(四)祖国北疆一道亮丽的风景线

梁勇说:"在人们的印象里,内蒙古地处偏远,是个落后的地方,其实河套灌区群众现在生活十分富足。灌排工程完善后,荒滩地得到开发,灌区面积增加,比如五原县和乌拉特前旗部分地区,人均土地面积多,一些家庭一年下来就是十几万元的收入。"

据河灌总局提供的资料,由于黄河水的滋润,改革开放40多年来,河套灌区粮食总产量由 3 亿千克增加到 31.35亿千克,农民人均纯收入由 151 元增加到 14476 元,为国家粮食安全和灌区群众脱贫致富奔小康交上了一份喜人的答卷。

灌排工程畅通,也使土壤盐碱化得以遏制,为林木生长提供了条件,灌区森林覆盖率由 13%提高到 21%。千万亩沃野良田也给河套大地披上绿装,行进在灌区内,几乎看不到裸露的土地,灌区环境大大改善,构建起了一道生态防护屏障。

三盛公水利枢纽风景区、河套历史文化园、黄河文化园……依托灌排水建筑物、渠道、区位优势,甚至高效农业、经济油料等作物,河套灌区内还建起一处处风景区、湿地公园、黄河水利文化博物馆、农耕文化博览园等生态文化工程,吸引着越来越多的游客慕名而来。据统计,2017 年巴彦淖尔市共接待游客 552 万人次,实现旅游收入 56.2 亿元,分别较上年增长 29.8%、30.1%。

处于沙漠与沙漠、高山与沙漠夹峙下的河套大地,本应是一处生产落后、生活穷苦、生态恶劣之地,却因为一条河的介入,带来了绿色、富庶、美丽,成为祖国北疆一道亮丽的风景线。未来,黄河还会给河套带来什么,还需人们心怀感恩、用行动作答。

二、中国北疆：风从"两海"来

——内蒙古乌梁素海、岱海生态嬗变记

它们有太多相似之处。

同处祖国北疆，同有"塞外明珠"之誉，同样遭遇过严重的生命之殇，同样受到中南海的深切关怀，同样连接在黄河母亲的肌体上，如今又同样走上美丽重生之路。

它们就是内蒙古自治区境内的乌梁素海和岱海。

9月8日，在习近平总书记发表黄河流域生态保护和高质量发展重要讲话一周年的前10天，笔者来到北疆，用心聆听风从"两海"吹来的故事。

（一）上下同欲保卫"明珠"

快艇分开水面，向乌梁素海湿地治理及水道疏浚工程疾速前进。

乌梁素海和岱海不是海，而是两处湖泊，分别处于巴彦淖尔市乌拉特前旗和乌兰察布市凉城县。其中，乌梁素海是我国"三屏两带"生态安全战略格局中"北方防沙带"的关口，黄河流域最大的湖泊，地球同一纬度最大的湿地，欧亚大陆鸟类迁徙的主要通道。乌梁素海渔厂二分场职工孙培业说："我1984年参加工作，那时候进海根本不带水，渴了捧起海水就喝。"岱海是国家重要湿地，京津冀地区生态屏障的重要组成部分。康熙曾看中这块风水宝地，在此兴建了"凉城"行宫，并为岱海题名"天池"。

　　然而，随着岁月变迁，两颗"明珠"深陷生态之痛，水质均为劣Ⅴ类。到 2012 年、2016 年，乌梁素海和岱海面积分别萎缩为 60 年前的 25% 和 30% 多。

　　"两海"牵动中南海。在 2018 年、2019 年全国两会上，习近平总书记两次对呼伦湖、乌梁素海、岱海生态治理做出重要指示，叮嘱要把内蒙古建设成为我国北方重要的生态安全屏障，守护好祖国北疆亮丽的风景线。

　　东风涌动春潮。内蒙古坚定地扛起生态建设政治责任，统筹谋划治理目标、路径、项目、投资等，采取"点源、面源、内源治理+生态补水"和"两节、两补、两恢复"手段，在两个战场打响"明珠"保卫战，步步为营，节节推进。

　　快艇行驶中，笔者不时看到运载水草的船只。河套灌区管理总局办公室综合调研科科长梁勇说，水道疏浚之前要先清除表层水草，以免影响绞吸船施工，水道疏浚是乌梁素海流域山水林田湖草生态保护修复试点工程（简称乌梁素海试点工程），也是内源治理的内容之一。

　　乌梁素海试点工程于 2019 年 4 月启动。该工程在全国20 个省（自治区、直辖市）竞争性评审中，以第一名获得国家批复，被纳入国家第三批山水林田湖草生态保护修复工程试点，可见内蒙古各级用心、用力之深。那这次试点与之前的治理有何联系？

　　巴彦淖尔市副市长刘志勇说："通过近年来的治理，我们深刻认识到，乌梁素海污染问题在水里，成因在岸上。实施试点工程，就是要调整治理思路，把乌梁素海流域山水林田湖草作为生命共同体，由单纯'治湖泊'向系统'治流域'转变，统筹推进全要素、全流域、全地域综合治理。"

"为确保各项治理扎实落地,市委、市政府还通过机构改革理顺乌梁素海管理体制,成立院士专家工作站、综合治理领导小组、试点工程实施指挥部等组织机构,出台'1+13'实施意见和配套办法,强化实绩考核等,集中兵力,强势推进。"2020年4月刚成立的乌梁素海生态保护中心副主任包巍说。该中心由市政府直接管辖。

笔者到达疏浚现场已近12时,正午的强光照射在绞吸船甲板上,热浪袭人。绞吸的泥浆经管道送往湖内堆场后,加药实现泥水分离,清水排出,剩下的泥堆积成岛,再通过绿化,为鸟类栖息和旅游提供场所。乌梁素海试点工程一分部项目经理成祯说:"这次要疏浚21条水道,工程量510万立方米,我们24小时施工,力争10月底前完成任务。"

子规夜半犹啼血,不信东风唤不回。

据了解,《乌梁素海综合治理规划(修编)》涉及项目五大类34项,目前已完成13项,年底将全部告竣。乌梁素海试点工程七大类35个项目全部开工,现已完成工程计划的68%,也计划年底完成。

经过治理,乌梁素海流域上游乌兰布和沙漠累计防沙治沙7.25万公顷;流域内城镇污水(点源)处理厂全部达到国家一级A排放标准;河套灌区(面源)2019年化肥、农药、用水分别减量7219吨、66.6万吨、1.5亿立方米,地膜回收率达80%;湖区(内源)通过生态补水、湿地净化、芦苇收割等,促进了水质改善;湖泊周边乌拉山和乌拉特草原修复取得阶段成果,建立了长效机制,并特别指出"决不再走先破坏、后治理的老路"。

岱海战场也攻坚克难、举兵而进。

乌兰察布市与 11 个旗(县、市、区)签订"军令状",打响农业节水、工业节水、生态补水、河道疏浚、生态恢复、水质恢复六大战役,制定《乌兰察布市岱海黄旗海保护条例》,让岱海保护治理长出"牙齿"。

该市还推动岱海治理工作向"四控、三处理"为主的岱海流域一体化综合治理转变,严格控水、控肥、控药、控膜,加强畜禽粪污、城乡垃圾、城乡污水处理,从"一湖之治"拓展为"流域之治"。

据内蒙古自治区水利厅河湖处提供的资料:《岱海水生态保护规划(修编)》共设置项目 24 项,截至 2019 年完成 15 项,剩余 9 项正加速推进。经过治理,岱海流域农业年节约地下水约 2415 万立方米;岱海电厂年停取湖水 959 万立方米、节约地下水 160 万立方米;入湖河道疏浚后,正常年份可增加地表径流量 300 万立方米左右;湖滨治理面积达 110 余万平方米;周边垃圾处理场和农村环境综合治理一期工程均已完工。

(二)黄河援手救助"两海"

9 月 2 日,河南郑州,内蒙古与黄委再商水事,其中包括乌梁素海和岱海生态补水。

作为流域管理机构,黄委认真贯彻落实习近平总书记对生态文明建设的重要指示,提高站位、着眼全局,带着感情和责任,强化凌情、水情研究,精心调度每一立方米黄河水。

内蒙古自治区副主席李秉荣说,多年来,黄委十分关心和重视内蒙古水利改革发展,特别是在乌梁素海和岱海综合治理方面给予了大力支持和帮助。

笔者从黄委水调局了解到，在近年补水的基础上，2018年，黄委会同内蒙古制定了《乌梁素海综合治理和2018年应急生态补水联合行动方案》，当年向乌梁素海补水5.94亿立方米。2019年，抓住黄河来水偏丰的有利时机，相机向乌梁素海补水6.15亿立方米。按乌梁素海年正常蓄水量4亿立方米计算，这两年的补水量相当于把乌梁素海水体置换了3次。

"在当前面源污染治理需要长期坚持才能见效、点源治理污染排放量有限、内源治理目前没有更好的方法借鉴的情况下，为维持乌梁素海现有水面和水盐平衡，今年仍需实施应急生态补水6亿立方米。"《内蒙古自治区2020年乌梁素海生态补水实施方案》中如是说。

2020年凌汛期向乌梁素海生态补水自2月16日开始，当时正值新冠肺炎疫情防控最"吃劲"的时期。黄委水调局的同志说，为落实好补水工作，黄委进一步扛稳政治责任，加强凌情分析、研判，牢牢把握补水时机，至3月22日共分凌补水2亿立方米，比原计划多0.2亿立方米。

"拯救乌梁素海，生态补水很关键，效果也最明显。"河套灌区排水事业管理局局长张浩文说，向乌梁素海生态补水有三大作用：一是防止沼泽化。乌梁素海年蒸发量4.03亿立方米，相当于乌梁素海年蓄水量，如果没有生态补水，专家预测，10~20年内乌梁素海就会消失。二是保持水盐平衡。乌梁素海承接了河套灌区90%以上的尾水，年入湖盐分达150万吨，如果没有生态补水进行溶盐稀碱，乌梁素海就会盐渍化，成为咸水湖。三是改善水质。乌梁素海以前流动性很差，生态补水后加快了水循环，流水才能不腐。

大河滔滔,深情拳拳。2020年,已向乌梁素海生态补水4.9亿立方米;2018年以来,累计补水16.99亿立方米。黄河,用自己奔流的生命为乌梁素海的生命加力、起搏!

如果说黄河流域内的乌梁素海是通过"脐带"从母亲河身上获取生命给养,那么流域外的岱海,则是通过"输血"得到母亲河的生命救助。

2020年5月16日是载入岱海史册的日子。这天,岱海生态应急补水工程开工建设,"九曲黄河润岱海"之梦迈出现实步伐。

乌兰察布市委有关负责人说,岱海属封闭型内陆湖,"内治"只能治表,如果没有充足的外源补给,岱海很快面临干涸的危险,唯有对岱海进行生态应急补水,才能从根本上拯救岱海。

在施工现场,征地协调、双古城隧洞建设等正紧张进行。黄河设计院岱海生态应急补水工程EPC(工程总承包)项目部项目副经理王耀军介绍,该工程自黄河干流托克托县头道拐与清水河县喇嘛湾之间左岸取水,输水线路长130余千米,年最大补水量4466万立方米。为促进工程早日实施、见效,该院自我加压,将可研从32个月缩短至19个月,预计主体工程10月初开工、明年年底完成。

"工程完工后,按照黄委统一调度,在丰水年份实施跨流域调水,可遏制岱海急剧萎缩局面,使湖面恢复到50~70平方千米。"黄河设计院生态院副院长高小涛说。

黄河救助"两海"的故事,纵向上在延伸,横向上也在拓展。

生态补水后的水文、水质情况怎样?水生生物有何变化？持续补水的生态效果如何评估……

黄河水利科学研究院江河治理试验中心主任曹永涛说，针对上述问题，从 2019 年起，他们依托国家重点研发计划专题、中央级公益性科研院所基本科研业务费等项目，对乌梁素海、岱海开展持续监测评估研究，目前研究团队已完成 7 次野外调查监测。通过对监测数据的分析和理论研究，已初步揭示寒旱区典型湖泊水生态环境演变机制、污染净化机制，提出"两海"生态修复技术和措施，并正在运用河湖健康评价、河湖生态价值评价等理论与方法，综合评估生态补水的效果。

黄河水利科学研究院副院长江恩慧说："通过科学研究，摸清'两海'水生生物物种的习性，突破面源和内源污染治理关键技术，综合施策，系统治理，是我们在'两海'治理保护中应尽的职责。下一步，我们还要深入探索内陆湖保护治理的体制机制问题，集成生态保护系统治理的全链条、全方位、可持续的战略配置和策略布局，为乌梁素海、岱海及广大寒旱生态脆弱区生态建设提供科技支撑。"

（三）美好未来向水而生

秋日高空下的乌梁素海，波平如镜，芦苇流翠，画舫点点；远处，轻云与万鸥齐飞，秋水共长天一色。

资料显示：实施生态补水以来，乌梁素海水域面积保持在 293 平方千米，近 5 年平均蓄水量达 4.2 亿立方米，打破了 10~20 年就将消失的预测。

在乌梁素海监测采样现场，黄河水利科学研究院王司阳博士说："通过对周边走访调查和实际监测，乌梁素海水质感观变化明显,水体恶臭和异味得到较大程度的改善,栖息鸟类的物种和数量明显增多,水生生物耐污物种比例显著降低,水体环境质量明显改观。"

抵达乌梁素海向黄河排水的总出口——乌毛计泄水闸时,笔者特意在闸下打了一瓶水。与矿泉水对比,其颜色稍浑,几无异味。河套灌区排水事业管理局五所所长王刚笑着说:"前段时间我也打了一瓶,因为看起来差别不大,有个同志还拿起来喝了两口。"

我们的"感观"得到权威部门验证。内蒙古自治区巴彦淖尔生态环境监测站站长井瑾告诉笔者,近两年,乌梁素海水质有所好转。从乌梁素海国考断面水质监测结果看,2018年、2019年该断面水质分别为Ⅳ类和Ⅲ类,2020年前7个月平均水质也为Ⅲ类。井瑾同时告诉笔者,由于该断面布设于乌梁素海湖心,且处于生态补水的通道上,水体流动性较好,监测结果偏好,湖区其他区域水质一般为Ⅳ类、Ⅴ类,乌梁素海水质总体为Ⅴ类。

水质好不好,鱼鸟先知道。据统计,目前,乌梁素海湖区共有鱼类22种,鸟类264种600多万只,其中国家一、二类保护鸟类45种。

对于岱海的变化,湖区附近的吉吉扣营自然村感受最为明显。村民说:"岱海变大了,多年不见的鸟也来了。"

根据凉城县政府办资料:水量上,2005—2015年,岱海水量和湖面年均减少2942万立方米、2.6平方千米,2016—2019年放缓到年均减少1171万立方米、0.54平方千米;2019年周边地下水位较2017年上涨58.86厘米。水质上,截至2020年5月,岱海化学需氧量、总氮、氟化物仍超Ⅴ类标准,但呈下降趋势,高锰酸盐指数、总磷、生化需氧量在Ⅴ类标准限值内,氨氮等其他指标均在Ⅲ类限值内。生态上,岱海流域内植被覆盖率由2015年的68%增加到2020年的75%;鸟类由2015年的68种增加到2020年的91种,其他动物数量也在逐年增加。

"两海"生态持续向好,美丽经济一路同行。

实行面源治理后,巴彦淖尔市以"天赋河套"品牌为引领,推动乌梁素海全流域农牧业供给侧结构性改革,带动优质农畜产品进入高端市场。授权的12家企业53款产品实现溢价25%以上,系列产品成功进入人民大会堂、京西宾馆、中央党校、北海舰队。

近两年,当地建起菌包厂、新能源厂、苇帘厂,并与扶贫工作结合,利用乌梁素海的芦苇生产黑木耳、颗粒燃料、温室大棚卷帘等,实现芦苇加工转化与扶贫工作双赢。菌包厂为乌梁素海实业发展有限公司下属企业,厂长徐金山说:"农户从我们这儿购买1个菌包,产出的干菌销售后可获利4元,我们今年已销售菌包15万多包,贫困户优先。贫困户建大棚,我们厂还补助一半资金。"

依托生态美景,乌梁素海旅游观光、水上娱乐及生态摄影展、湿地候鸟展览馆等也吸引着远近游客络绎而来。

在岱海旁,赵家村也端起旅游"金饭碗",从经营民宿到水果采摘,再到休闲游、养生游……迈向产业兴旺、生态宜居、生活富裕的现代化新农村。2019年,村民杨素娟家的农家院收入达20多万元;2020年,该农家院被内蒙古自治区文化和旅游厅评为"五星级农家院",成为凉城县"巾帼脱贫农业示范基地"。

采风中笔者还了解到，巴彦淖尔市目前正研究推行乌梁素海"渔民上岸"政策。问及群众的意见，孙培业和同事孟建军说："大家很支持，愿意上岸。我们要在这儿工作、生活一辈子，希望乌梁素海越来越好。"

政策是风向，理念是风向，民心也是风向。

行进在北疆辽阔的大地上，笔者深深感到有风从"两海"吹来。这风里，有党中央的深切关怀、地方各级的不懈努力、流域管理机构的倾力支持，体现着社会主义的制度优势；这风里，有理念转变、生态向好、经济发展，展示着中国政府的生态智慧；这风里，有由衷喜悦、深深警醒、美好期待，指引着生态保护和高质量发展的正确道路。

三、来沙漠看海

乌兰布和，这听起来很有几分柔美的名字在蒙语里却是"红色公牛"的意思。千百年来，它以桀骜的姿态盘踞在乌海市旁边。

缓缓淌过的黄河，留住了"红色公牛"东进的脚步。这本是轻轻一拦，如今已变成了满满一抱，这一抱始于2014年。

随着海勃湾水利枢纽的建成，黄河水在坝前缓缓聚集，由一条河汇成了一汪澄清的乌海湖。湖的东侧与乌海市海勃湾区相连，而西侧则直接浸入了乌兰布和沙漠。于是在湖的东侧，水与城市现代文明交相呼应；在西侧，水与沙漠形成了一番令人惊叹的景致：大漠的苍凉与豪迈，湖泊的秀美与温润，相辅相成，彼此间不断地磨合，创造出沙水相融的奇幻景色。

乌海湖西岸的旅游设施

沙漠与水共存本就是世间少有的景致，无论是敦煌的鸣沙山与月牙泉，还是中卫的沙坡头与黄河，都蜚声中外。然而，不似月牙泉的纤弱，不似沙坡头脚下黄河的蜿蜒，乌海湖的水面足足有118平方千米，可抵上近20个西湖，确实能让人发出"面朝大海"般的感叹，难怪乌海打出的旅游招牌是"来沙漠看海"。

正如乌海市副市长郝健君所说，乌海过去50年是在"乌"字上做煤的文章，今后50年要在"海"字上做水的文章。

为利用好、保护好、开发好这片独特的水沙胜景，依托海勃湾水利枢纽，乌海对整个乌海湖水面及环湖区域进行了科学规划与建设，乌海湖水利风景区应运而生，并分别于2015年年底及2016年9月，一步步晋级为自治区级水利风景区及国家级水利风景区，为国家水生态文明试点城市乌海绘就了独特的城市一隅。

在整个乌海湖水利风景区中，最吸引游人的是湖西岸。这里既有水沙相融、风光旖旎的沙漠旅游休闲体验区、沙岛，又有充满刺激的沙漠越野运动区、水上运动区、低空飞行区，还有满载生态保护和科普意义的湿地及鸟岛生态区。

为切身感受乌海湖独特的魅力，笔者一行登上了由东岸滨河码头开往西岸西北码头的渡船。

站在甲板上，湖面的清风似在推着渡船破浪前行，浩渺的湖面被"犁"出一条白色长龙，身后高楼林立的都市随着船行渐远而变得模糊。逐步靠近沙漠一侧后，串串宝石般的小湖中既装满蓝天白云，又托起了一座座绿意盎然的沙丘，渡船穿梭其间，芦苇荡漾，不时还有长腿的白鹤站在浅水处呆呆地注视着我们。

笔者注意到，许多沙丘上还铺设有网格，据同行的乌海市水务局副局长于志永介绍，为了维护与改善这里原有的生态环境，除了保护好自然生长的植物，他们还通过人工播撒草籽的方式开展固沙工作，以期通过点点滴滴的努力实现生态改善。

不多时，船停靠在了码头，一上岸，眼前便是沙滩，沙滩连接的是更为广阔的沙漠。登上一处木质凉亭，远眺四周，除了身后碧蓝的湖水，周遭其他区域已被黄沙包围，此起彼伏的沙丘在阳光照射下散发着炙热的气息。

湖面上，各式游艇、快艇、水上摩托艇、水上自行车，或静待游人或承载着欢笑驰骋于水面；放眼沙丘，沙漠越野车、全地形车、沙滩摩托车、沙滩卡丁车、滑沙板等各种刺激好玩的娱乐设施应有尽有，有惊无险的沙漠越野项目让刚刚体验过的游人脸上写满了"过瘾"。

除了丰富的娱乐设施，沙滩边上宽大的帐篷和折叠桌凳，为游客提供了遮阳、休憩的场所。这些帐篷、桌凳同码头一样，都是可移动、可拆装的。"在一个地方持续接待大量游客势必会对局部生态环境造成影响，我们把部分娱乐设施建成可以拆装、移动的，就是为了相对均衡、合理地开发和利用景区的各个区域。"于志永解释道。

"依托乌海湖西北部的沙漠资源，根据'现代文明与生态保护相结合'的理念，以沙漠度假、沙漠娱乐、沙漠养生为主要功能，分水、沙滩、沙漠 3 个空间层次进行开发建设，力求在保护沙漠生态环境的基础上，满足旅游需求。"于志永说。

一座水利工程在发挥应有的工程效益的同时，还为一方人民带来了如此绝美的景色与环境，产生了实实在在的生态与经济效益,堪称真正的"民生水利""民生工程"。

如今,乌兰布和这头"红色公牛"已温顺地依偎在了乌海这片沙漠蓝海旁,守望着这方水土华丽转身后的绰约身姿。

四、一条大河波浪宽

（一）天赋河套

"一条大河波浪宽，风吹稻花香两岸。"乔羽先生的这句歌词虽然是为长江写的，但是用来描绘"塞外粮仓"巴彦淖尔也同样再合适不过——一条黄河从古流到今，浇灌出了美丽富饶的河套灌区。

历史上，"黄河百害，唯富一套"，黄河对河套地区可谓偏爱有加。但除得天独厚的地理条件外，千百年来，生活在这片土地上的人民也同样在用双手回报着这份厚爱。

黄河湿地

河套灌区引黄灌溉已有 2000 多年历史，从秦汉开始兴建，直至民国时期逐步形成十大干渠。新中国成立 70 多年来,灌区先后掀起了引水工程建设、排水工程畅通、世界银行贷款项目配套、节水改造工程等四次大规模水利建设高潮,实现了从无坝引水到有坝引水、从有灌无排到灌排配套、从粗放灌溉到节水型社会建设三大历史跨越。目前,灌区引黄灌溉面积约 68 万公顷,拥有较完善的七级灌排配套体系,是亚洲最大的一首制自流引水灌区,也是全国三个特大型灌区之一。

在纵横的沟渠构成的水网间,勤劳的河套人民用承载着厚爱的黄河水浇灌出了优质的小麦、葵花、蜜瓜、番茄、枸杞……

坐拥富饶的物产,巴彦淖尔顺势而为、高瞻远瞩,整合现有的粮油、果蔬、乳、肉、绒等十多个农牧业优势特色产业,打造出了农畜产品区域公用品牌——"天赋河套",努力把农牧业引领到绿色发展、高质量发展的路子上,让河套名优特农畜产品驰名中外,让特色为天赋添彩。

输水总干渠风景如画

还有一件大事,在 2019 年也为天赋河套增添了浓墨重彩的一笔——凭借规模宏大、历史悠久、至今仍在使用的众多渠系,完善的灌排系统,以及灿烂的治水文化,河套灌区被收录入世界灌溉工程遗产名录,成为目前内蒙古自治区唯一的世界灌溉工程遗产。

河套,自此为世界所瞩目。

登上世界遗产的舞台,更为广泛的传播维度将对展示内蒙古黄河水利文化、促进河套水利发展、带动巴彦淖尔全域旅游,以及推动"塞上江南、绿色崛起"和推广"天赋河套"都具有重大而深远的意义。

(二)悄然蝶变

秉持天赋,河套人并没有坐享其成,千百年的水利之路,河套人走得踏踏实实。尤其是进入新时期,在"节水优先、空间均衡、系统治理、两手发力"治水思路的引领下,古老的河套灌区已悄然蝶变为美丽灌区、生态灌区。

在巴彦淖尔市磴口县笔者看到,渠道衬砌、配套设施已不只停留在干渠、支渠,田间地头的斗渠、农渠也已"武装"到位。"节水改造工程在农村相当实用,田间大闸套小闸,用多少水灌多少水,避免了水漫梁的现象。"磴口县巴彦高勒镇旧地村村支书田金富说。"水在有了衬砌的渠道里流比以前在土渠里损失少,我们交的水费也跟着减少了,但是浇的地还是一样多。"磴口县东风渠农民用水者协会用水户李志源对节水措施也同样赞不绝口。

据了解,从1998年开始,水利部每年安排资金支持河套灌区节水改造工程建设,并在2000年批准了《内蒙古河套灌区续建配套与节水改造规划》,投资力度和建设速度逐年加大。截至目前,灌区续建配套与节水改造工程已累计投资

43.42 亿元，共完成骨干渠道衬砌 696.2 千米，整治总干渠等骨干渠道 1084.5 千米，疏浚总排干等骨干沟道 3713.1 千米，配套改造各类建筑物 5936 座。此外，实施完成的投资 18.16 亿元的内蒙古黄河干流水权盟市间转让项目，以及末级渠系改造、高效节水、节水增效等农田基本建设项目，都对加快节水改造步伐起到了极大的推动作用。"老百姓用明白水，交明白费，节水意识培养起来了，富余出的水可以转让给更需要的地方。"东风渠农民用水者协会用水户说。

在实施节水改造工程中，河套水利人还开动脑筋，积极引进新技术、新材料，"我们针对传统混凝土衬砌渠道冻胀破坏严重、维护费用高等问题，在分干以上渠道引进了具有整体性好、适应冻胀变形和施工速度快等优点的模袋混凝土衬砌技术。"内蒙古河套灌区管理总局（简称河灌总局）工程建设管理处处长郭平指着永济干渠渠道介绍。

通过多年的不懈努力，河套灌区引黄用水量已由 1997 年的 52 亿立方米，减少到现在的 47 亿立方米左右；渠系水利用系数由 0.42 提高到 0.48。节水不减产，灌区粮食总产量由 1998 年的 15 亿千克提高到 2018 年的 33.5 亿千克；农民人均纯收入由 1998 年的 2268 元增加到 2018 年的 17221 元。

河套灌区不仅富了，而且美了。

作为河套灌区排灌体系的重要组成部分，乌梁素海接纳了灌区大量的农田退水，多年来，持续为水质污染问题所困扰。

为有效控制污染，按照"生态补水、控源减污、修复治理、资源利用、持续发展"的思路，巴彦淖尔在对乌梁素海进行生态补水的同时，在城镇和工业园区实施了点源污水"零入海"

工程,做到城镇污水和工业废水全收集、全处理;在河套灌区开展控肥、控药、控水、控膜,减少农业面源污染;在乌梁素海湖区开展内源治理,实施入湖前湿地净化、网格水道、芦苇加工转化,促进了水体循环,改善了湖区水质。

通过综合治理,乌梁素海湖区整体水质已由2010年的地表水劣Ⅴ类达到现在的地表水Ⅴ类,局部水域已达Ⅳ类。

乌梁素海,这颗黄河脊背上的明珠正在蝶变中以愈发清丽的容颜吸引着越来越多的候鸟与游客,让人与自然携手见证河套大地的变迁。

(三)未来已来

科技时代,河套灌区凭借大胆的创新意识与敏锐的判断力在灌区信息化建设领域抢占先机,为传统灌区的发展蹚出了新路。

10月30日,笔者造访了位于河灌总局的河套灌区水量调度中心,来到这座古老灌区的智慧中枢一探究竟。

据了解,河套灌区信息化建设始于20世纪90年代,在"十五"到"十二五"期间,河灌总局利用大型灌区续建配套与节水改造工程的契机,启动了灌区信息化工程建设。近年来,按照大水利的发展思想,河灌总局以过去十几年的信息化建设成果为主体,通过基础建设、业务应用系统建设、综合决策支持系统建设等,逐步整合水资源信息化、跨盟市水权转让试点项目信息化等其他工程建设内容,形成了统一的信息化平台。

如果说之前看到的河套灌区现状图已经能让人大致了解灌区的构造的话,那调度中心的实体数字沙盘则更加直观、清晰,让人一目了然。

"这是一个为灌溉水量调度工作提供决策支持的实时数据沙盘。"河灌总局信息化建设管理办公室副主任姜杰介绍,沙盘上的黄色线条代表总干渠、干渠、分干渠等灌溉渠道的位置,蓝色线条代表总排干沟、干沟,红色点位代表水利专网4G基站及接入终端,蓝色点位是全自动雷达水位监测站。目前,灌区已实现4G水利专网全覆盖,干渠以上级别水情采集系统全覆盖、分干渠级别部分覆盖,其中还包括黄河巴彦淖尔段多处险工段的水情信息。

河套灌区水量调度中心汇集全灌区总干渠、干渠、分干渠灌溉实时运行数据及总局、管理局、管理所、管理段的四级管理信息。"现地管理单位数据5~10秒刷新一次,数据通过处理打包上传,调度中心数据每5分钟刷新一次,完全满足水量调度对水情信息实时性的要求。"姜杰说。

据介绍,水情采集系统及流量采集系统,大量采用微波与激光等量测、微功耗与太阳能供电、无线传感智能网络等技术手段,实现了实时、精确监测与调度,极大地降低了基层的劳动强度,提高了工作效率。

"河套灌区水量调度系统是灌区的核心业务系统,承担着水情上传下达,水情信息发布等任务。"姜杰详细介绍,"调度中心同时也是内蒙古黄河流域水利信息化中心、跨盟市水权转让监测系统数据中心,承担着内蒙古黄河31处险工段水情、气象、视频数据的实时采集、发布工作和跨盟市水权转让监测系统的数据采集及发布工作。"跟随着姜杰的讲解,笔者在大屏幕上看到了全灌区国管输水渠道重要节制枢纽实时运行数据、实时监控视频、水情信息统计分析数据、黄河防凌防汛监控系统、水权确权数据平台等。"今年，我们把主要精力放在了来水预测分析、需水量预测、优化调度和渠系动态配水 4 个模型建设上。这 4 个应用模型的建设，标志着灌区开始由信息化灌区向智慧型灌区升级。"笔者不禁感叹，在河套灌区，农业生产已在信息化的助力下，迈上了现代化的发展轨道。

"干事创业，最根本的还是人。这是几十年来，根据工作需要，我们团队设计出的电路板、研制的仪器，自己动手解决实际工作中的具体问题，我们从来不等不靠……"站在自主研发的仪器前，河灌总局科技文化处副处长、信息化建设管理办公室主任徐宏伟侃侃而谈，他身后的一面墙上，挂满了团队和个人获得的荣誉证书。徐宏伟说，团队年轻人干劲十足，事业心强，一心为灌区插上智慧的翅膀。

"河套灌区信息化建设历经几十年努力，克服了各种困难，初步完成了基础设施建设任务，建成了覆盖全灌区的水情信息采集与通信传输网络系统。就像为迎接未来，铺就了一条高速路。而我们，都是铺路人。"徐宏伟说。

古老的河套灌区从过往的辉煌中走来，在习近平总书记河套灌区等粮食主产区要发展现代农业，把农产品质量提上去，为保障国家粮食安全做出贡献的要求指引下，将与流域各方一道，为让黄河成为造福人民的幸福河而继续努力。

第五章　陕西篇

一、治渭！治渭！渭河边上是我家

天高云淡，日暖风轻，宽阔平坦的渭河大堤下，延伸着一带如碧草坪，三三两两的人们散布其上，或闲坐，或慢走，或高谈，或静思，好不惬意悠闲。欢快的手机音乐里，年轻的妈妈带着三四岁的孩子翩翩起舞，宝贝的小辫随着节奏一上一下翻飞跃动，抖落一串串银铃似的笑声。

这儿是西安渭河草滩段河滩公园。年轻的妈妈名叫张燕，她们家就住在渭河大堤对面不到 1 千米的东晋桃园小区。

这儿地处西安市北三环之外，到市区可谓远矣，为什么会选择在这里买房呢？

张燕笑了："渭河水清了，环境美了，空气也好。家家都有车，去市里很方便。"说着她抬手由东向西指了指，"这里是西安市经济技术开发区草滩生态产业园，沿堤的小区都是新建的。"

但几年前，这里，包括整个陕西渭河边上却是另一番光景。

渭河是黄河最大的支流，发源于甘肃省渭源县鸟鼠山，跨越甘宁陕 3 省（区）13 市 86 县（区），流域面积 13.5 万平方千米，流程 818 千米，其中陕西境内长 512 千米，横贯八百里秦川，浇灌出了肥沃的关中平原，沿河百姓深受其泽，称之为"陕西母亲河。"

然而时移境迁，随着经济的快速发展，渭河生态环境遭到严重破坏。有民谣说："（20 世纪）50 年代淘米洗菜，60 年代洗衣灌溉，70 年代水质变坏，80 年代鱼虾绝代，90 年代身心受害。"据统计,陕西渭河整治之前接纳了全省78%的工业废水和86%的生活污水,河道内污浊横流、垃圾遍地、杂草丛生、蚊蝇肆虐,"未见清流滚滚去,先闻臭气扑鼻来。昔日滔滔清渭水,几成关中'下水道'。"

拯救渭河,刻不容缓;整治渭河,民心悬望!

2011年正月十五,人们还沉浸在元宵节的浓浓气氛之中,但在西安灞河入渭口,已是战鼓擂动、队伍齐集、万众誓师——渭河陕西段综合整治工程就此掀起大幕,开启了新的"渭河时代"。

根据《陕西省渭河全线整治规划及实施方案》,整治工程不仅要确保安澜,还将体现亲水、生态、文化、发展四大主题,拉近人与渭河、水与城市、景与文化、美与发展的距离,一个"洪畅、堤固、水清、岸绿、景美"的新渭河从蓝图中一步步走来。

一时间,西起宝鸡林家村,东至潼关入黄口,渭河沿岸筑堤修路、清淤架桥、调水治污、植树种草……关中父老"驭神笔铁甲,精绘蓝图,巧夺天工,气宇吞象",经过寒来暑往5个年头,共投劳工17.5万人,完成投资210亿元,修筑双向四车道柏油堤防道路600余千米,建造支流入渭口姿态各异、雄伟壮观的交通桥53座,建成沿渭生态湿地和水面景观15万亩,换来了"波荡滩涂,鱼游浪底,蝉鸟寻幽甸。莲荷妖娆,芦苇摆舞,小草青苔雅淡。竞流芳、飞桥横跨,进城漕渡初现"的生态美景。

回顾往昔,张燕感慨地说:"渭河能有这么大的变化,真是没想到。现在,渭河可是美得很!"

巍巍秦岭见证,在十数万参战者汗水、心血甚至火热生命的浇灌下,渭河凤凰涅槃、浴火重生,以"一河清波、两岸绿色、鱼翔浅底、鸟语花香"的亮丽新姿重新奔流在三秦大地，成为3800万陕西人民茶余饭后自豪谈论的焦点。

渭河的水变清了。陕西渭河因沿岸工业企业排污，导致其污染程度不断加剧，2005年前后河水变为黑色，水质超过《环保法》核定的五类标准；2007年，渭河陕西渭南段因水质严重超标，被国家环保总局实行"流域限批"；陕西官方也认定，"渭河成了关中唯一的废水承纳和排泄通道，已丧失生态功能。"在严峻的现实面前，陕西省委、省政府以壮士断腕的决心实行"铁腕治污"，彻查沿渭排污点和排污口，牺牲局部利益强制关停并转改一批高污染企业，并严格落实《渭河流域水污染防治三年行动方案（2012—2014年）》，从源头上大力削减入渭污水。鱼儿是水质最直接的检验者。2013年11月15日，陕西省首次在渭河全流域开展增殖放流活动，共投放鲤鱼、鲢鱼等520多万尾，实践证明，经过整治，渭河水质整体向好、改善。2014年8月据渭南市环保局监测，渭河潼关断面化学需氧量和氨氮浓度继续下降，水质已提升至Ⅳ类。2015年12月8日陕西省环保部门披露，2015年8—10月的渭河干流水质检查数据显示，渭河陕西出境断面已达到Ⅲ类水质标准，河流水功能逐渐恢复。

带着女儿在河边游玩的渭河电厂医院职工吴晓鹏说："以前渭河又黑又臭，大家都躲得远远的，避之唯恐不及。现在基本可以见底，变化真是挺大的。"

对于渭河的变化，渭南高新区白杨街道办事处赵村村民李流川也深有感触："我今年66岁了，以前河里有1尺多长的红鲤鱼。后来水脏，鱼都死了漂在水上；连麦子都不敢浇，一浇就死。现在水变好了，河里又可以钓到小鱼了。"

渭河岸边变美了。几年来，陕西省全面完成辖区渭河

340 平方千米滩面的清障任务,河道环境明显改善。根据整治规划及实施方案,宝鸡渭河左岸 70 千米滩区生态亲水景观工程、杨凌水面工程、兴平十里荷香景观长廊工程、西安湖 3000 亩亲水景观工程、渭南市城区段滩面退耕植绿及水生态景观等工程启动实施。蓝天白云下,一处处景观工程披绿裹翠、水面波光潋滟、荷塘十里飘香、湖中鸟飞鱼翔,真个是人在景中、景在水中、水在城中、美不胜收。其中,秦汉新城渭河综合整治工程荣获"绿色中国——2014 年环保成就奖"之"杰出环境治理工程奖",渭河岐山段北岸的岐渭水利风景区被水利部授予第十四批"国家水利风景区"荣誉,宝鸡市还晋升"全国卫生城",并被评为"中国最适宜人居城市"。正如《渭水流》一诗中所写:"渭水流进了传说/大禹后人/善秦善水/辈出英贤//渭水流进了春天/综合治理/四季迥然/试看今日秦川"。

说到渭河的美,在渭南河堤上给景观石刻字的工人辛华说:"渭河现在确实是美了,生态也好了。河边野鸡、野鸭很多;鸟儿也很多,前几天还看到几只白鹤;还有大的叫不上名字,翅膀展开得有 1 米多宽。"

漫步渭河草滩段,笔者遇见一位停下车来用手机拍照的小伙子,经询问得知是西安市周至县水务局职工王勃。他颇为自豪地说:"一个同学问我'大美渭河'到底是什么样?我刚拍个照片发到朋友圈,让大家都看一看!"

渭河体现的文化更多了。渭河拥有丰厚的文化底蕴,它孕育了灿烂的先秦文化、恢宏的秦汉雄风和辉煌的大唐盛世;陕西省内有许多历史名城,西安为 13 朝古都,宝鸡是华夏始祖炎帝的诞生地,西岐(岐山)为周文王故土;从《尚书》《诗经》到《山海经》《周易》再到后世诗词歌赋,渭河与中华文化如影随形、相伴相生。直到今天,《诗经·秦风》里"蒹葭苍苍,白露为霜,所谓伊人,在水一方"的诗句依然被人们传诵吟唱。在治渭过程中,陕西省将渭河整治与城市景观建设、文化遗迹发掘充分结合起来,以宝鸡段周文化、杨凌段农耕文化、西咸段汉唐文化、渭南段山水文化为主题,积极打造集文化、休闲于一体的灵动渭河。宝鸡起始段、西安段、渭南入黄口3个关键点还通过雕塑、石刻、历史遗迹等,着力提升渭河文化魅力,就连路面景观、灯饰、交通桥等也均融入了文化元素。据介绍,矗立在渭河西安段灞河入渭口的"灞渭桥"长1288米,全部用石材装饰,设计灵感源于一幅汉代古画,巍峨的桥头造型则取自汉阙——汉代一种纪念性建筑,有石质"汉书"之称,是我国古代建筑的"活化石",观之让人恍然感触遥遥大汉的古朴、威严气象。

在渭南堤段上,笔者还看到一个安放在水泥高台上的大型绿色铁制品。渭南市治渭办工程科科长郭峰说:"这是原来抽黄工程退役下来的离心泵。沿线有许多这样的小景点,水泥台上刻有各个设备的名称、型号、工作时间、灌溉范围等介绍,好让后人了解其中的历史。"

问起堤肩的景观石何以刻字"贡道"时,郭峰解释:"渭河曾经是历史上进贡的重要航道,直到民国时还有'一帆风顺达千里,东走西安荡轻舟'的诗句,说明那时候还可以行船。汉唐时江南的粮食和其他物资都是沿黄河北上,经渭河转运到都城长安的,所以称为'贡道'。"真看不出,一块石头上也蕴含着遥远而厚重的文化。

渭河边上成为产业、人居的新高地。渭河流域承载了陕西省60%的人口、70%的经济总量,占到全省56%的耕地,作为陕西省人口和城市最密集、经济最发达的地区,渭河环境的改善,有效带动了一批高效农业、低碳环保产业沿河布局。杨凌段堤坡果树绿化工程凸显现代农业园区功能;宝鸡段百里画廊生态景观区促进区域文化产业跨越发展;眉县霸渭文化生态区实现霸渭文化和三次产业深度融合……渭河产业聚集效应初步显现。陕西省确定的沿渭 8 个重点示范小城镇建设顺利推进,新型居民小区也慢慢向渭河靠近,人们从原来的惧水、远水逐步向亲水、居水转变。渭河沿岸一大批生态公园建成投用后,不仅成为人们交游休闲、娱乐健身的好去处,还成为书画创作、职工运动会、水利生态人文考察,以及骑行、划艇、写生等赛事的首选地。

渭南段渭河健身公园内,羽毛球、乒乓球、踏步机、单杠、转轮等健身设施、器械一应俱全,堤顶上建有专用自行车道、划有停车位,还有单人、双人观光自行车供游人租赁使用。公园保安王晓臣说:"渭河整治后,这边环境、空气都很好,还安有健身器材 190 多套。夏天的时候黑天、白天人都很多;平时主要是老人、孩子来玩;一到礼拜天、节假日,城里骑车、开车来玩的人一拨一拨的,多的数不过来。"

陕西省治渭办综合处副主任由高峰说:"2014 年,陕西省举办'全民健身挑战日·美丽渭河动起来'活动,现场参加人数达 78 万人。西北院咨询公司还在渭河大堤西安草滩段为青年职工举行了'爱在江河之情定渭水'集体婚礼。现在,人们都愿意亲近渭河了!"

2015 年 5 月,中共中央政治局委员、国务院副总理汪洋查看渭河西安段时也高兴地说,在这个堤面上,愿意多走一走。

"渭水银河清,横天流不息。"重生的渭河,正在以清澈、美丽、灵动、热情的崭新面貌健步走来,成为三秦大地上最大的生态公园、最美的景观长廊、最长的滨河大道！

更令人振奋的是，2015 年 7 月 22 日，陕西省召开渭河治理主体工程投运暨续建工程启动动员会，提出要把渭河宝鸡峡渠首至潼关入黄口两侧堤防以外 1500 米左右范围划为渭河生态保护区，重点开展生态修复、水源涵养、水景观提升及渭河产业开发。陕西省水利厅厅长、治渭办主任王锋也说："要持续保持综合整治态势，持之以恒搞好河道疏浚、河滩整治、水质保护和堤岸美化等工作，把渭河建设成为'水润三秦、水美三秦、水兴三秦'的样板，为推动新常态下'富裕陕西、和谐陕西、美丽陕西'建设发挥重要作用。"

方略既定，未来可期。张燕高兴地说："真不知渭河将来会变成什么样子，但肯定是生态越来越好、环境越来越美、发展越来越快。我们把家安在渭河边上，看来是选对了！"

二、让绿色延伸

在半湿润、半干旱地区,由于受自然及人为因素的综合影响和干扰,形成类似沙漠的地貌类型,称为沙地。沙地有若干类型,分为流动、半固定、固定沙地。我国四大沙地有科尔沁沙地、毛乌素沙地、浑善达克沙地、呼伦贝尔沙地。

(一)从瀚海到沙地

毛乌素沙地亦称鄂尔多斯沙地。毛乌素,蒙古语意为"坏水",地名起源于陕西省榆林市靖边县海则滩乡毛乌素村。自陕西定边孟家沙窝至靖边高家沟乡的连续沙带称小毛乌素沙带,是最初理解的毛乌素范围。由于陕北长城沿线的风沙带与内蒙古自治区鄂尔多斯南部的沙地是连续分布在一起的,因而将鄂尔多斯高原东南部和陕北长城沿线的沙地统称为毛乌素沙地。

作为中国四大沙地之一,毛乌素沙地面积达 4.22 万平方千米,包括内蒙古自治区鄂尔多斯南部、陕西省榆林市的北部风沙区和宁夏回族自治区盐池县东北部,其中,榆林沙区的总面积约为 2.22 万平方千米,位于长城沿线的定边、靖边、横山、榆阳、佳县等 7 个县(区)。

向沙漠进军

秦汉时期,毛乌素沙地林木茂盛、水草丰美,但由于历代战乱频仍、垦荒不断,地区生态环境日益恶化。在整个毛乌素沙地形成过程中,榆林沙区算是"玄孙"级。事实上,榆林地区降水并不算少,年均250~400毫米的降雨量可以满足植物的生长需求,这里也曾是农牧业比较发达的地区。但随着地区环境的持续恶化,到了明代榆林建城后,长城沿线的沙化已极其严重。直到当代,府谷县西北部和准格尔旗羊市塔乡依然存有天然的杜松林和树龄千年的油松——但它们已是陕西和内蒙古交界的东段地区繁茂森林消失的见证者,也是沙漠南侵最后的坚守者。新中国成立前,榆林北部风沙区流沙已越过长城南侵50多千米,6个城镇412个村庄为风沙侵袭压埋,全市林木覆盖率仅0.9%。

千年的时间,瀚海逐渐蜕变为沙地,绿色从深到无,直至被黄沙掩埋,千年巨变,沧海桑田。

(二)向沙地要绿林

新中国成立后,当榆林人民摆脱了动荡的局势、过上了安稳的日子时,才发现,眼前缺林少草,风沙肆虐,三翻五种九不收的自然环境根本无法维持好千辛万苦得来的安稳,更无法想象在风沙中如何能有美好的未来。

1956年10月,中共榆林地委决定"向沙漠进军",饱受风沙之苦的沙区人民在困境中奋起,与风沙危害展开了坚决的斗争,大规模群众性的治沙造林运动由此拉开了帷幕。在植树造林中,按照"国营造林和集体造林并重"的方针,执行"国造国有,社造社有,社员在房前屋后植树归个人所有"的政策,在长城沿线建起26个国营林场,县县均有县办苗圃,国营林业基地初步形成。

一侧是群众高涨的积极性,而另一侧却是各种技术问题:造什么林、种什么草,种子苗木如何解决,怎样才能使农田、牧场、村庄、道路不受风沙侵袭等问题接踵而至。

要想解决这些技术问题,唯有依靠科技的力量。

同样是在1956年,中科院在榆林建立了我国半干旱地区第一个治沙综合试验站。1960年,以该站为基础,陕西省治沙研究所(简称研究所)组建成立。从此,研究所如羽翼渐丰的雄鹰,在随后几十年的岁月中,孵化出了一项项服务于沙区的技术成果,向黄沙一点点、一步步要回了绿地。

肩负着沙区人民的重托,研究所先后从"三北"地区引进了多种耐干旱瘠薄、抗风沙适应性强的植物品种,经过反复试验,筛选出花棒、紫穗槐、沙打旺等十几个优良的固沙植物品种,在多点造林试验的同时,进行大面积的推广。树种草种的问题初步解决后,研究如何提高造林成效就成了当务之急。最为突出的问题是春天种子播撒下去或树苗栽植以后,几场大风下来,种子被大风吹走,树苗被连根刮起,导致造林成效很差。在总结群众经验的基础上,科研人员摸索出了沙障固沙、撵沙湾造林、前挡后拉、顺风推进、密集式造林等一系列治沙造林适用技术,大大提高了造林成活率。后来,又逐步总结出了截干造林、大苗深栽、覆膜造林等一系列抗旱造林技术措施。

按照当时中央农林部的指示精神,1974年陕西省开始了流动沙地飞机播种造林种草试验。根据榆林沙区的自然生态条件和气候特点,从宜播地类、植物品种选择、播期播量确定等多个方面展开广泛深入的试验研究。经过8年苦战,试验取得重大突破,总结出一套适宜飞播治沙的关键技术,并在榆林建立了我国第一个沙漠飞播造林(人工模拟飞播)示范区,1978年获得全国科学大会奖。此后,该技术开始大面积推广,仅在榆林沙区就累积飞播600多万亩,并辐射到内蒙古、宁夏、甘肃等省(区)。

在榆林珍惜沙生植物保护基地,研究所工会主席霍建林指着一片高低起伏不平却布满花棒、踏郎等沙生植物的土地说:"这就是最早搞飞播试验的场地。"伴着霍建林的讲述,笔者不仅看到了绿洲蔓延的起点,也似乎看到了科研人员骑着自行车日复一日在黄沙间艰难前行的场景。

当绿色已在黄沙上散播开,当沙生植物活下去已不再是难题,新的问题接踵而至。

由于初期防护林几乎清一色为灌木树种组成,冬春季休眠落叶,防护效能显著下降,同时由于其寿命低于乔木树种,致使防护林寿命大大缩短。解决这些问题的根本途径在于增加优良常绿固沙乔木树种的比例,改善防护林的结构和质量。在引种过程中,研究人员发现产于内蒙古自治区红花尔基的樟子松可能比较适合在榆林沙区生长。从1964年开始,历经20年时间,他们解决了从育苗、造林到抚育管理等各个环节的一系列技术问题,形成了一整套到位的樟子松营林生产技术,目前樟子松林人工造林面积达到10万多公顷,已成为新一轮沙区防护林建设的首选目的树种。与此同时,研究人员开始探究营造混交林的问题,将一些深根性和浅根性树种、乔木和灌木树种、针叶阔叶树种和草灌搭配混交,先后研究总结出了多种适宜不同立地条件的混交类型,并指导建设了一批高质量的混交林示范样板,收到了非常好的辐射带动效果,使沙区防护林建设水平有了很大的提高。

(三) 为绿地谋新篇

被誉为中国"科威特"的榆林市,是正在建设中的国家能源化工基地,其丰富的矿产资源主要集中分布于榆北沙区,在迎来跨越式发展机遇的同时,该地生态环境也遇到了前所未有的新挑战。

近年来由于能源大规模开发,榆林已成为农牧与工矿的交错区。放眼如今的榆林,毛乌素沙地南缘植被覆盖率已由飞播前的1.8%上升到现在的42.9%,沙丘基本达到固定或半固定状态,"沙进人退"的局面已成为历史。在毛乌素沙地,仅榆林市樟子松造林保存面积便达120万亩,形成了十几个万亩以上和若干个5万亩以上的集中实施区。

尽管榆林荒漠化治理经过半个多世纪的不懈努力,取得了明显的成绩,但受气候干旱、人类频繁活动的诸多因素的影响,荒漠化形势依然严重,治理任务十分艰巨:植被生物量不足,林分质量差、分布不均,20世纪六七十年代营造的防风固沙林已老化、退化、濒于死亡,以沙蒿为主的老化固定沙地出现第二次沙化的危险,飞播灌木林经过多年生长已明显出现了过熟、老化,甚至死亡现象,因此飞播灌木林的更新复壮利用迫在眉睫。

21世纪初以来,毛乌素沙地樟子松人工固沙林出现了不同程度的衰退现象(叶枝变黄,进而全树枯死),更为严重的是大部分樟子松人工成熟林不能自然更新,迫切需要构建樟子松防护林衰退机制、调控和健康经营技术体系,促进该地区樟子松人工林的可持续发展。

在榆林珍稀沙生植物保护基地，透过茂密的松林，笔者偶尔能看到一两棵由篱笆护卫着的樟子松自然更新苗。这些榆林土生土长出的"松二代"是移民而来的父辈们能更好地延续发展下去的希望，也是科研人员观察、研究的重点对象，在它们身上，有着今后十几年甚至几十年都读取不完的自然秘密。

"长柄扁桃是毛乌素沙地南缘沙区优良生物质油料树种，国家林业局（今林业和草原局）肯定了长柄扁桃产业对国家粮食、能源、民生发展的重要意义，并拟将长柄扁桃作为全国最重要的木本油料树种在北方沙漠地区推广。"研究所副所长史社强向笔者介绍了如今在榆林地区得到大面积推广种植的长柄扁桃。"以前植树治沙主要考虑社会效益、生态效益，如今还要挖掘经济效益。"据了解，长柄扁桃含油量高达40%～50%，不饱和脂肪酸含量高于橄榄油，不仅可提炼作为化妆品精油，其果仁还可入药，壳可以用以制作活性炭。"目前我们正联合西北大学开展长柄扁桃油料的分析和提取技术研究，如何丰产、增产也在研究范畴内，等明后年开花挂果后，可以推广示范。"

"以前我们关注的问题是怎么治沙、怎么能让植物活下来，现在我们则关注怎么治沙、怎么利用、怎么增效。"史社强总结说。

在办公楼大厅，研究所近年来承担的重要科研项目被罗列出了28项，从"陕西沙区胡杨引种技术推广（一期）项目""陕西省红枣良种苗木繁育基地建设""毛乌素沙地退化人工植被修复与灌木资源培育技术研发及产业化示范"到"陕北矿区采煤塌陷对风蚀的影响""陕北能源化工基地生态修复关键技术研究与示范""毛乌素沙地荒漠化监测"等,无不围绕沙地优良固沙植物选育及快繁、防沙治沙新技术新材料研究、优良固沙植物资源培育与产业化高效利用技术、能源开发区生态恢复与保护、荒漠化防治技术研究等新时期毛乌素沙地治理的核心内容。

砥砺半个多世纪,榆林已向荒漠要回了绿地,2157万亩的林业覆盖面积既是成绩单,也是环境脆弱区需要一直捧在手心呵护的珍宝。伴随着资源的大规模开发,沙区经济社会如今步入了一个快速发展的时期,而土地荒漠化作为历史形成的自然问题将与人类社会的进步长期并存。问题,从来不曾离我们远去。

绿树拱卫统万城

当陕北能源化工基地成为全国唯一的国家级能源化工基地,成为西煤东运的源头、西气东输的腹地、西电东送的枢纽和 21 世纪中国能源的重要接续地,这块土地以脆弱的生态环境承受着能源的宠爱与社会发展的厚望。采空区、矸石山、环境污染等问题层出不穷,因人类干扰引起的干旱缺水、植被衰退与土地退化、水土流失等生态修复问题成为陕西治沙人面临的新问题、新靶向、新考验,而如何预防资源开发带来问题的发生,则应引起全社会的关注与重视。

三、物换星移展新颜

说起靖边,甚至说起榆林,都很难绕开统万城,这座矗立了 1600 余年的城池,既是榆林乃至中国历史变迁的见证者,同样也是榆林自然环境经历沧桑巨变的"物证"——是保存了千年、诉说着人类暴敛过往的"呈堂证供"。

(一)统万城 生态变迁的地标

在榆林靖边县城北,有一片嶙峋的城池遗址,残垣断壁或矗立或半掩在沙地间,高耸的角楼、林立的马面(城墙外侧每隔一定距离,凸出于墙体外侧的一段,因外观狭长如马面而得名)如饱经沧桑的巨人凝视着周遭千百年的巨变。这就是统万城,东晋时南匈奴贵族赫连勃勃建立的大夏国都城遗址,也是匈奴族在人类历史长河中留下的唯一一座都城遗址。

统万城位于靖边县红墩界镇白城则村,因其城墙为白色,当地人称白城子,又因系赫连勃勃所建,故又称为赫连城。统万城始建于公元 413 年,当时在国土面积扩大、经济实力增长的形势之下,赫连勃勃决定改变以往的游击战术,为自己营建都城。赫连勃勃在朔方(古地名)亲自为都城选址,当他走到一地时,忽发感慨:"美哉斯阜,临广泽而带清流,吾行地多矣,未有若斯之美。"于是决定在此建都。从赫连勃勃的话里可以看出,当时的统万城及周边水草丰美,山川秀丽;而此后不久北魏郦道元的《水经注》中则说统万城周边有沙丘。看似矛盾的文献记载也被考古发掘而证实:一方面,钻探发现距地面 13 米下的城墙是直接坐落在沙地之上,因此学界说"统万城是我国早期建筑在沙漠之上的都市";另一方面,专家发现许多未曾腐烂的旧藏材木,推测为建城时的遗物,为就地采伐而来。按当时的情况分析,赫连勃勃不可能把都城建立在流沙荒野之中,10 万建城工匠也不可能完全依赖外地供给。

20 世纪 60 年代初,北京大学侯仁之教授考察统万城及其周围地区,提出了一个被以往史学家忽略了的、十分尖锐而又极富现实意义的问题:"统万城初建的时候,这一带的自然环境究竟是什么样子?"20 世纪 70 年代,陕西省考古研究院戴应新奉陕西省文管会之命又多次调查该城址,并进行试掘。从马面仓储内掘出的大量植物标本,更是当时这一带植被茂盛、环境优良的物证,并回答了侯教授的疑问。

大夏国赫连勃勃兴建都城时,统万城所在地还是水草丰美,气候宜人的优美之地,而在被攻破后,作为一个地方性的行政中心,它一直被使用到宋代。至宋代,城周围已逐渐为黄沙所覆盖,生态环境恶化,加之西夏军队常以统万城为依托侵扰北宋,宋太宗于淳化五年(公元 994 年)4 月,下诏废毁夏州(统万)城,从此,统万城逐渐"销声匿迹"在一望无垠的毛乌素沙地之中。

统万城是榆林地区的一个历史性地标,更是一个生态变迁的地标。

(二)统万城 见证沙地再披绿

频仍的战乱、激增的人口、过度的放牧与索取,让风和硝烟、战火、牛羊一起带走了绿草,吹散了沃土,一代国都和曾经优美的环境被历史，更是被自然无情地遗弃和掩埋在了茫茫黄沙中。

如今统万城依旧嶙峋如白骨，残垣断壁间已空空如也，但在它的周围，一切又发生着悄然的巨变，一场没有硝烟的"绿色扩大战"已打响了多年。

统万城所在的靖边县红墩界镇地处毛乌素沙地南缘、无定河上游，这里的生态环境、植被状况直接影响着沙地的收敛与扩散及进入无定河乃至黄河的泥沙量，这也是多项国家水土保持重点建设工程落户于此的原因。靖边县圪洞河项目区沙畔小流域综合治理工程便是其中之一。

沙畔小流域属无定河一级支流圪洞河流域，流域总面积56.05平方千米，其中水土流失面积53.86平方千米，涉及席季滩村、白城则村及圪洞河村3个行政村，水土流失形式主要以风蚀为主，水蚀次之，属典型的风沙滩地区，区域内固定与半固定沙丘广布，沙丘绵延、波状起伏。圪洞河流域径流、泥沙年季变化大，年内分配集中，主要来源于汛期暴雨洪水，多年平均径流量111.01万立方米，年输沙量为16.59万吨，7~9月径流量占全年的50%以上，泥沙量占全年的85%以上。在综合治理前，沙畔小流域累计治理面积17.5平方千米，其中基本农田4.52平方千米，人工造林12.98平方千米，治理程度为32.5%，林草覆盖率为23.2%。

虽然地表自然条件恶劣，但由于地下水资源丰富，沙畔小流域内的耕地却并不少——占总面积的10.3%，但是质量标准低，抵御灾害能力差，坡耕地面积大，单产量低而不稳，是水土流失的主要策源地，也是制约农村经济发展的瓶颈。此外，流域内林草地面积比重较小，仅为23.2%，林地主要为灌木林,林分质量差,效益低下;经济林(果园)数量少,管理水平差,效益不高,同时,由于土壤以风沙土为主,质地疏松、有机质含量低、结构不良、持水性差,加之灌溉设施落后,产量较低;此外,荒地面积较大,占总面积的40.4%。

不合理的土地利用结构与状态,导致了水土流失的加剧、生态环境的恶化。

以控制水土流失、改善生态环境,改善民生、增加农民收入为根本出发点和落脚点,以小流域为单元,山水田林路村统一规划、综合治理,实现水土资源的可持续利用和生态环境的可持续维护,促进老区全面建设小康社会奠定坚实基础为总体思路,2017年,沙畔小流域综合治理工程全面实施。

"我们设立的治理目标包括治理水土流失目标,在治理期末,使治理程度达到70%以上,减沙效益达到70%以上;改善生态环境目标,发展乔木林、灌木林、经济林,以提高农民收入,解决流域饲料、燃料需求,提高流域内林草覆盖率,减轻水土流失危害;发展农村经济目标,全面调整土地利用结构,提高土地利用率、生产力、产出率;此外,就是通过治理,彻底解决流域内人畜饮水问题,让农民生产、生活得到保障,人居环境得到明显改善,农村剩余劳动力得到妥善安置。"靖边县无定河流域治理服务中心负责人蒋耀军详细介绍了项目的精准目标。

项目首先着眼解决的便是农民的粮袋子问题。针对项目区基本农田比较多,坡耕地、荒地和未利用地所占比例偏大的问题,项目确定了土地利用调整方向。首先,结合当地人口对粮食的需求,从调整农业生产用地入手,适当通过发展基本农田,在近村、近路、坡度小于10°的耕坡地、滩涧地与平沙地进行机械平地、改土并配套灌溉设施,发展高产稳产的基本农田,在提高作物产量的同时,促使陡坡退耕。

在保障农民粮食收入稳定的同时,围绕当地主导产业,退下坡耕地及部分荒地用于发展经济林,并根据畜牧业发展需要种植紫花苜蓿、沙打旺等优质牧草,实行舍饲养畜,带动当地经济林业和畜牧业发展。

在半固定与流动沙地及缓坡荒地因地制宜进行造林;将远离村庄,人畜活动少的荒山、荒沟等未利用地调整为生态用地,全面实行封禁,建标志牌,减少人为破坏,充分发挥生态自我修复能力,增加贴地面植被覆盖度;制订乡规民约,落实管护人员,明确管护责任;兴修生产道路,改善生产条件;此外,在支毛沟道内建设谷坊等小型水土保持工程,拦截泥沙。

根据综合治理确定的土地调整方向,结合土地适宜性划分结果,综合治理实施后,沙畔小流域土地利用结构调整为农地 6.02 平方千米,林地 33.13 平方千米,牧草地 1.57 平方千米,未利用地 12.96 平方千米,其他用地 2.39 平方千米,农地、林地、草地、未利用地、其他用地比例由治理前的 1.00∶4.37∶0∶3.92∶0.37 调整为 1.00∶5.50∶0.26∶2.15∶0.40,土地利用结构趋于合理,基本实现了土地资源的有效开发利用。

在蒋耀军的带领下,穿过一段高低起伏但均被灌木丛所覆盖的沙地,笔者来到了统万城西侧一处较高的山坡。放眼四周,樟子松、侧柏林立,沙棒、紫穗槐、柠条、沙柳与沙蒿的混交林间或其间。"现在看到的这片林地有 8000 多亩,其中乔木有 5100 亩,灌木有 3000 来亩。以前这里全是沙,现在这些乔灌木把半固定与流动沙地及缓坡荒地都占满了,有风也起不来沙子了,农田能得到保护。"蒋耀军说。作为配套,综合治理工程在林地中打个一眼机井,"这些乔木第一年浇3次,第二年2次,第三年再浇1次,以后就不用浇了。灌木就不用浇水。"说起沙地上这些植物的"韧性"与"泼皮",蒋耀军很是欣赏。

据了解,红墩界镇的王家洼村和海则滩镇的海则滩村均实行了全面封禁管护,封禁管护面积达到了13.85平方千米,这也是蒋耀军所说的"小面积治理,大面积封禁"。

就是通过这样的综合规划、调整、实施,综合治理实施以来,沙畔小流域已新增基本农田1.48平方千米,每年可增收159.52万元;新增经济林0.76平方千米,年增收65.07万元;新增乔木林1.64平方千米,年增收44.28万元;新增灌木林3.88平方千米,年增收34.91万元;新增草地1.57平方千米,年增收14.13万元。

(三)统万城　守望生态梦想

明明白白的是账,实实在在的是效益。

而效益不仅包含经济效益,更有环境效益。沙畔小流域综合治理工程项目实施后,年可拦泥沙8.51万吨,蓄水27.53万立方米,流域内严重的水土流失得到基本控制,可有效地减少进入下游河道的泥沙,延缓下游河道淤积。新增的7.09平方千米林草面积,使流域林草覆盖率达到了37.2%,累计治理程度达到了75.5%,避免了土壤养分的流失,区域生态环境得到有效改善,生态环境实现良性发展。

在靖边,不止沙畔小流域治理工程在黄沙上绘出了绿色的篇章,有些地方绿意更浓。

"这一片有 1500 亩,都是油松、樟子松,和刚才沙畔小流域的树作用不同,这片是苗圃,这些树种都是要运往全国各地的,是绿化树种,市政建设搞行道树啊都是买的这种树。"在蒋耀军的带领下,2013 年实施的柳树湾小流域治理工程中的一块"浓绿"展现在了笔者面前。

说它"浓绿",一是因为松针的颜色在陕北黄土高原的阳光照耀下本就厚重,另外就是因为是苗圃,这片松林种植得格外密集,一棵挨一棵,让绿意格外浓烈。

"这一亩苗圃的经济效益能达到 3000~4000 元,而且都是网上销售。"作为老水保人,蒋耀军满意地说。

正是沙畔、柳树湾这样的一批批小流域治理工程,如大地"涂绿师"一般,在靖边、在榆林,向毛乌素沙地要回了片片或深或浅的绿色,挽住了生态恶化的狂澜。

也就是在柳树湾小流域治理项目现场,面对直观的水土保持工程效益,榆林市水务局水保科科长马和平提出了靖边乃至整个榆林水土保持工作面对的新问题。

"长期以来,水土保持工作完善了许多农田的基本设施,比如平田整地、修建滴灌等,受到了农民的欢迎与认可,这也使农民从思想上对水土保持工作的认知达到了一定高度。但是,下一步水土保持工作如何与让农民受益的产业相结合,相应的配套资金数量与如何到位,是我们迫切需要考虑和解决的问题。因为维护和激发农民种植水土保持林、配合开展水土保持工作的积极性是水土保持事业持续发展的关键。"马和平说。

如今,站在统万城遗址放眼四周,沙地已被茂盛的植被所覆盖,由远及近,无论匍匐在地的灌木还是高大的柳树都如绿色壁垒,守卫着饱经风霜的古城,统万城若有灵性,该是欣慰的。

统万城见证了历史,从绿草到黄沙只需短短几百年;统万城同样目睹着现在,固定黄沙、改变黄沙,我们还有很长的路要走。

四、神木"态度"：生态效益更是公众利益

神木市地处我国黄河谷地陕西、山西、内蒙古三省（区）交界处的能源"黑三角"腹地，富集的煤炭资源让这个昔日的贫困地迅速跻身中国经济强市，全国有近1/4的煤炭从神府煤田腹地运送到全国。

"神木市小规模开采民用煤已历史久远，大规模开采煤炭资源始于20世纪90年代初，经过多年的开发利用，促进了全市经济社会各项事业全面发展。"神木市政府办公室一位同志说，但在开采过程中受生产技术、开采工艺、管理水平等因素制约，神木市的采煤沉陷、水土流失、火烧隐患等问题越来越突出。环境的严重污染，给群众生产、生活带来严重影响，甚至威胁到生命安全。

神木县生态绿化工程

经初步统计,目前神木市矿区已形成采空区面积 324 平方千米,其中,沉陷面积 158 平方千米,悬空面积 166 平方千米。据测算,神木市每年将新增采空区面积 41 平方千米。

采煤沉陷损毁了众多旱耕地、水浇地、林草地。全市火烧隐患面积达 45 平方千米,采煤沉陷区和火烧隐患区压覆煤炭资源约 10 亿吨,主要分布在大柳塔、中鸡、孙家岔、店塔等 9 个镇(办)的区域,涉及 200 多个村庄,严重影响到 3 万多农民的正常生产、生活秩序。同时,因采空沉陷引发的地震也时有发生,根据陕西地震信息网统计,从 2004 年起神木市因煤矿沉陷、冒顶已累计发生 45 次地震,仅 2010 年以来就发生 30 次。

据新华社 2008 年的一篇报道称,大量的沉陷区导致地面塌陷、河水断流、草木枯死、村庄毁弃,这一系列接踵而来的生态环境问题引发了神木市大量的移民潮。

近年来窟野河的干枯断流也引起了社会的关注。黄河水资源保护科学研究院 2014 年发布的《窟野河流域综合规划环境影响报告书》显示,窟野河 2001—2010 年河川天然径流量较 1956—2000 年均值减少了 54%。

"近年来 100 多米宽的河道早已几近干枯,现在的河床被大片的荒草覆盖。"黄委晋陕蒙监督局的一位同志介绍说。窟野河是黄河的一级支流,近年来的干枯断流在很大程度上与周边的大型煤炭开采有关。

根据当地官方数据,2005 年,神木县煤炭开采量为 8611 万吨,比上年增长 45.2%。到了 2010 年,这一数字跃升至 1.60 亿吨,跟 2005 年相比几乎翻了一番。2014 年,神木市的煤炭开采量进一步增长到 2.29 亿吨。

神木市环保局(今生态环境局)提供的数据显示,神木市煤矿最多时达到 300 多个,其中一大部分是小煤矿。近些年来,国家和地方对一部分煤矿实行了关停并转,但现在运行的煤矿仍有 100 多家。

尽管煤炭开采及相关产业的发展使神木市的地区国民生产总值从 2000 年的 23 亿元增长到 2015 年的 817.41 亿元,短短 15 年增长了约 35 倍,但这些年因开采煤矿、发展煤炭产业给当地造成的生态损失究竟有多大却是一笔糊涂账,生态修复所需要的时间和成本就更不得而知。

"这是一本糊涂的生态账。"神木市环保局的同志说:"近 30 年的煤矿开采,也给当地本已脆弱的生态环境带来了严重的破坏。在当地,随处可见露天煤矿、被竖切开来的山体,植被被破坏,水土流失严重,满目疮痍,空气污浊。"

大柳塔镇一位不愿具名的官员认为,生态损失有多大,没人算得清楚,他说:"你算一个数字我算一个数字,专家来了也算不清,谁也不知道。"

笔者翻阅《中国水土保持》杂志,看到 2012 年第四期上发表的一篇研究论文显示,2007—2009 年,包括榆林、延安等地在内的陕北地区各年能源开发造成的生态环境损失分别为 174.84 亿元、176.10 亿元、180.48 亿元,平均开采 1 吨煤炭造成的生态环境损失就高达 65 元。研究者还强调称,由于数据获得受限,这些数据仅是保守数字。

当恶劣的自然环境终将人们从对经济利益疯狂追求的癫狂状态中摇醒后,修复与弥补过失、杜绝新的破坏是神木市必须给出的态度。当然,既要金山银山,又要青山绿水,才是神木市深刻认识到的最客观也是最实际的发展之路。

"采煤沉陷及火烧灾害对地质环境的严重破坏,把神木市架在了社会舆论的风口浪尖上。"神木市宣传部的同志告诉笔者,从2009年开始,神木市针对大面积出现的采煤沉陷区和火烧隐患区现状,采取剥离回填法、充填方法等多种工程措施和生物措施相结合的方法,对煤炭开采所引起的地表沉陷、煤层自燃、土地裂缝等灾害及对植被、土地的破坏进行综合治理,使矿区地质环境得到最大限度的治理和恢复。

"政府主导,企业出资治理,治理结束后,无偿归还给村里,村民们可以继续在那里生活,有田种,有房住,无污染,安居乐业。"神木市宣传部的同志说:"应该说这些年的采煤沉陷区和火烧隐患区治理取得了诸多社会效益、生态效益、环保效益。一些采空区彻底解决了治理区地表沉陷、裂缝、井下旧巷道着火等问题,改善了当地村民的生产、生活条件,确保了周边矿井的生产安全。另外,项目治理主体的基础设施建设为矿区进一步发展农业生产奠定了基础,极大地改善了村企关系。

在开发神木、建设神木的队伍中,除严于律己、具有榜样与责任意识的央企、省企外,地方企业同样在生态建设的道路上不甘落后。如今的神木市,无论是企业还是个人,无论是决策者还是普通民众,无不将生态建设当作与经济建设一样的头等大事来抓,无不殚精竭虑争相为神木多增添一丝绿意。

在城市绿化建设中,神木市再次加大城市园林绿化建设力度,采取"借地生绿、租地造绿、扩地增绿、庭院植绿、见缝插绿、拆墙透绿、垂直绿化"等措施,实施了一大批公园、广场、河道、道路、小区绿化项目,有效提高了绿化覆盖率。

同时,在建设城市外围绿化中,神木市启动了"三年植绿"大行动,进一步加大城市防护林带建设力度,着力打造城市外围生态屏障,促进了城市环境的整体改善。

目前,神木市在城区营造了"四河并流碧玉树,两山围合杏花源"的意境,谋划了"一绿环、二绿带、三绿新点、四纵十九横道路网"的布局,建成公园绿地 24 处,通过点、线、面结合,让"花草遍地、城在林中、碧绿围城",形成独具特色的"显山、露水、见城、透绿、赏花、品杏"的绿化风貌。

神木市水土保持监督检查站站长高文玉说:"神木上下深知生态环保建设绝非一人一村之事,多年来,积极动员社会有识之士参与植绿工作,鼓励个体、联户、社会合作组织等社会力量积极加入林业生态治理。"

神木市林业局相关资料显示,2015 年,神木已完成人工造林 21.72 万亩。2016 年,神木围绕"山青、水净、坡绿"的目标,持续增加绿色植被面积,全面加强水源地和水质保护。启动"生态建设绿化 5 年大行动",开展榆神高速、神府高速、杨陈公路等重要路段绿化,继续推进樟子松、长柄扁桃、臭柏三大基地及退耕还林工程建设,完成工程造林 15 万亩。

如今,如火如荼的生态建设成了神木市最为亮眼的名片。"这恰恰是神木市对待生态环境的一种毫不回避的明确态度,那就是生态效益更是公众利益。"神木市环保局一位负责人说,现在神木市的生态建设在一定程度上超出了其他工作成为一大亮点,当然,其中卓有成效的生态治理成效在能源化工经济攀升的背景下,尤其引人注目。

五、让生活像冬枣一样甜

"这一提是陕西大荔的冬枣,又脆又甜,17元一斤。"中秋节前夕,在河南省开封市某水果超市,店员向顾客推荐了几款热销水果,在品尝后,顾客随即购买了3提。

在河南省郑州市,某连锁水果网店的热销水果中,大荔冬枣同样名列前茅。据店主邢先生介绍,冬枣自上市以来,销量始终稳中有升,且品质好、价格稍高的大荔冬枣更受欢迎,许多顾客都是直接点名购买大荔冬枣。

其实大荔冬枣并不止在河南热销。

9月21日,在陕西渭南大荔县万亩设施冬枣示范园,笔者对来自广东的水果批发商邓广军进行了询问。"我们公司收购的冬枣主要销往广东和北京的一些超市,也给一些电商平台供货,出口的话主要是销往泰国。"据邓广军介绍,他从事冬枣收购已有20年时间,开始是从冬枣故乡山东沾化收购,后来因为大荔的冬枣品质更好而转战大荔市场,到大荔也有10年时间了。"大荔的自然条件更适合冬枣生长,而且因为灌溉有保障,设施又发展得好,产量、品质都有保障。光今年到现在我就已经收购了500多万斤了。"

尝到大荔冬枣"甜头"的并不止食客、水果销售商、批发商,还有种植户本身,大荔县小坡村的张夏存就是其中之一。

穿着得体,戴着眼镜的张夏存出现时,笔者很难将她和以往印象中一身土满脚泥的农民联系在一起。但在设施农业已大大解放生产力的今天,中国农民身上确实已经发生了翻天覆地的变化。"我是2003年开始种植冬枣的,现在一共是 15 亩,分了 4 个大棚。"问起收益情况,张夏存并不"藏富",道:"一年 20 多万没有问题。"但是说起以前,她记忆犹新。"以前我的地里种的是棉花,没有黄河水,只能靠天吃饭,不然怎么办? 一亩地收入 1000 元算是好的了,遇上光景差的时候一亩也就三四百元收入。""东雷抽黄送来水以后,县里开始引导我们种冬枣,我开始完全没信心,就觉得这盐碱地能长出来冬枣?"同许多农民一样,在长久的靠天吃饭岁月中,张夏存他们已经对土地几乎失去了信心。"东雷抽黄局可不光送水,还开农、果、蔬技术培训班,让我们见识了许多新东西,有了希望,也转变了思想。"

(一)幕后英雄 苦尽甘来

一路顺着冬枣追根溯源,渭南市东雷抽黄灌溉工程管理局(简称东雷抽黄局)这位藏在幕后的英雄也渐渐展现在各路笔者面前。

事实上,和大荔冬枣在水果界赫赫有名一样,东雷抽黄工程在陕西省乃至全国的水利系统也同样声名远扬。

东雷抽黄工程覆盖的区域是国家大型灌区,也是陕西省扬程最高、流量最大的电力提灌工程,其取水点位于黄河小北干流西岸的合阳县东雷村塬下,也以此得名"东雷抽黄"。该工程于 1975 年 8 月动工兴建,1979 年起各系统陆续灌溉受益,1988 年 9 月通过竣工验收,塬上系统交付使用,设计灌溉面积 102 万亩,有效灌溉面积 83 万亩,惠泽合阳、大荔、澄城、蒲城 4 县 13 个乡镇 262 个村庄 41.7 万农村人口。东雷抽黄工程采取无坝引水,分区分级的抽水方式,由一级站把黄河水提入总干渠,沿总干渠依地形地貌自北向南构成东雷、新民、乌牛、加西4个塬上灌溉系统与新民、朝邑两滩排灌系统。长达37千米的总干渠既是东雷抽黄与东雷二期抽黄的输水大动脉,也是抵御黄河洪水,保护沿线群众生命财产安全的大屏障,还是沿黄公路穿越黄河湿地的最美观景长廊。

从时间脉络不难看出,东雷抽黄工程是一路伴着改革开放走来的,而事实上,东雷抽黄工程也确实承载了太多改革开放带来的机遇与成就。

曾经,在这片渭北旱塬上,祖祖辈辈靠天吃饭,叹着"宁给一个馍,不给半碗水"的千年无奈。而当现代科技已发展到可以终结这些苦日子时,改革开放的强劲东风也恰好吹到了这片干渴的土地。

当年,东雷抽黄工程建设采取民办公助的形式,即使当时群众积贫积弱,集体积累甚微,也愿意为建设工程"砸锅卖铁",倾其所有。因此,1981年南乌牛系统试机成功后,乡村组织和灌区群众对平地配套及田间工程建设已一筹莫展。适逢改革开放,国门打开,1984年,南乌牛系统土地平整、田间工程建设及植树造林等,被世界粮食计划署列为以工代赈受援项目,这也是1949年以来陕西省第一个接受世界粮食计划署援助的水利项目,在全国水利工程建设史上也极为鲜见。项目规定,3年时间,世界粮食计划署援助小麦、食油总价值1608万美元,用于南乌牛灌区土地平整、田间工程建设与植树绿化工作。过去家家户户出钱出力办水利的灌区人民,在改革开放中,第一次收获了为自己平整土地兴修水利,不用掏腰包,还能分粮、分油的实惠,劳动积极性高涨,仅用两年半时间,就提前超额完成了受援任务,使南乌牛系统36

万亩灌区实现了耕地方田化、田间林网化、灌溉小畦化、道路标准化,成为当时陕西省乃至全国水利工程建设的样板。

(二)不忘初心 送水入田

高起点给了东雷抽黄人一路高标准送水入田的道路。

由于高扬程多级提水,能源消耗大,管理人员多,水费成本高,工程投运后群众只浇"救命水"或者干脆弃灌的尴尬局面曾一度摆在东雷抽黄人面前。在关乎高扬程水利事业前途命运的挑战面前,东雷抽黄人没有一味向上级伸手,更没有坐以待毙。1984年,冲破以往水利行业只抓供水、不问农业的传统思想,东雷抽黄工程率先在全国灌区提出走农水结合的路子,并采取延伸服务、让利于民等措施,实现了共赢。

管理局发挥单位农业水利技术人员多、信息来源广的优势,采取服务不包办,引导不强求的办法,在全灌区建立了300个种植示范户,15个种植示范村,积极开展科技下乡服务活动,帮助群众解决种植灌溉管理上遇到的问题,增强示范户的带动作用,提升示范村的辐射能力。同时开办农、果、蔬等各类灌溉技术培训班,大力发展节水高效农业,增加了农民收入,拓宽了用水市场。

而这些受益农户中就有张夏存。

"开始我只种了10亩,在技术人员的指导下,效益比种棉花好太多了,我就有信心了。2009年我给枣树们都搭上了大棚,这样冬枣成熟更早,也不容易受天气影响,每亩地的收益就到一万四五了。现在地里也不用漫灌了,都是滴灌。"张夏存边说边给笔者手里塞了几颗刚摘下的冬枣,笔者尝了一颗真的是甜脆可口,当赞美之词情不自禁地从笔者嘴里说出时,张夏存的笑容也更灿烂了。

虽然现在如张夏存这样富起来的农民已越来越多,但让利于民的初心,东雷抽黄人却并没有变过。水费虽然关系到灌区事业的稳定发展,但对于上级物价部门批复的水费征收标准,东雷抽黄从来不死搬硬套去执行,单位困难再大,为民情怀不改。东雷灌溉系统批复每立方米水电费为 0.525 元,抽黄局考虑到该系统产业结构调整慢,群众承受力差,实际执行价格为 0.39 元,降幅达 27%;而在新民、潮邑两滩排灌系统,农民中移民多、家底薄,批复价格为 0.21 元,实际执行为 0.10 元,降幅达 50%,全灌区每年向群众让利水费 500 万元。

农村包产到户以后,田间工程修复成为困扰各个灌区的一道难题,也成为制约灌区发展的"最后一百米"。为此,东雷抽黄局以农水结合为基点,在 2003 年就采取村组投劳,抽黄局投资全部建筑材料,按照 1∶1 匹配的办法,恢复田间工程,破解了一家一户没法干,村组集体缺乏积累干不成,让灌区群众干着急的难题。

农水结合为高扬程水利事业带来了蓬勃的生机与活力。如今在东雷抽黄灌区,以果业为主的高明系统,人均农业经济收入超万元,以黄花菜种植为特色,亩均经济收入 3000 元以上,以小麦、玉米双料种植的地块,多年来粮食亩产稳定在 1100 千克以上。

40 年栉风沐雨,东雷抽黄已累计抽水 42 亿立方米,灌溉农田 2700 万亩次,创造社会效益 176 亿元,昔日荒凉贫瘠的渭北旱腰带已成为陕西重要的粮、棉、果、蔬、渔生产基地。

(三)绿色灌区　再谱新篇

在成绩的背后,东雷抽黄人克服的困难更是不计其数。

据多年施测,东雷抽黄一级站取水处,每立方米黄河水平均含沙量达 31.2 千克,大量的泥沙进站入渠,造成机电设备严重磨蚀破坏,水泵大轴断裂,渠道灌顶溢堤,有时无法形成灌溉能力。面对"世界级难题",东雷抽黄人探索出拦、排、沉、抗综合措施,极大地缓解了泥沙的危害。通过兴建沉沙池,让黄河水既浇地又造田,自 1992 年来,先后将 3000 多亩盐碱滩平均提高 1.8 米,使其成为沙壤田。开展水泵涂敷非金属抗磨试验研究,取得了满意的效果,叶轮与泵壳涂敷一次累计运行 3000 小时母体完好,极大地降低了运行成本,不仅在兄弟灌区推广应用,而且被三峡工程推广应用。

如今的东雷抽黄灌区里,黄河魂水利风景区等尽得地脉之先,游人既可以驾车观赏黄河小北干流的四季奇观,也可以在自行车道上悠然享受"早知有洽川,何必下江南"的田园美景。依托自然资源的生态旅游给东雷抽黄人又带来了一条发展之路。

而作为灌溉工程,发展农业依然是东雷抽黄工程的立足之本。面对灌区周边还有大量的土地是旱作农业,靠天等雨,群众对发展水利灌溉愿望强烈的现实,东雷抽黄人以乡村振兴为目标,提出了再打造一个新东雷的发展愿景,并立说立做,目前已编制了 45 万亩扩建工程可研报告。

黄河水浇灌出的大荔冬枣甜了张夏存的生活,甜了邓广军的生意,也甜了天南地北食客的舌尖,相信未来也会有更多的农民享受上黄河水的甘甜,让生活像大荔冬枣一样甜。

六、神东矿区,不毛之地上的绿色奇迹

在笔者的想象里,高耸的煤堆、飞扬的煤尘、流淌的黑水,以及因采煤形成的沉陷、裂缝等,应该是煤矿区最常见的"景观"。

然而走进神东,矿区内的乌兰布伦河清澈得如一汪碧玉,在阳光下闪着粼粼波光;大柳塔煤矿治理区是一望无垠的绿意,沙棘树上挂着累累的果子;红石圈小流域披绿裹翠,一排排松树、杨树、杏树把山体覆盖得严严实实,呼吸吐纳间倍觉清爽。手机监测显示,当地空气质量为:82,良——竟然优于很多大中城市!

神东地处荒漠,又属重污染行业。然而建矿 30 多年来,它不仅没有造成当地生态环境的恶化,还在荒漠里建起了250 多平方千米的绿洲,推进了当地脆弱生态环境的正向演替。

他们是怎么做到的?

(一)在那"寸草不生的地方"

神东矿区处于黄土高原丘陵沟壑区与毛乌素沙地过渡地带,年降雨量为蒸发量的 1/6,风蚀区面积占 70%,平均植被率仅 3%~11%,是全国水土流失重点预防区与治理区。

神东环保绿化处处长张成虎告诉我们,"毛乌素"为蒙语,意思是"寸草不生的地方"。矿区内还有乌兰木伦河、呼和乌素沟两大风口,每年沙尘暴的天数在 5~20 天,最多时近40 天。

"另外,根据水文部门监测的水蚀模数推算,仅东胜矿区每年流失的泥沙总量就达 2100 多万吨,相当于地表土层平均每年损失 1 厘米厚。"张成虎说。

李世明、高康、肖峰是建矿之初的神东人,据他们讲述:晚上大风能从地表刮走几十厘米厚的沙,人们住的房子一个晚上就能被掩埋,早上起来,只能从天窗爬出去;喝完稀粥,碗底剩的都是泥沙;由于风沙弥漫,勘探人员经常分不清方向甚至迷路,滞留在沙漠里回不了矿区,所以他们出去时都会带着干粮和咸菜。

而根据煤炭行业的特点,进行煤炭开采,就不可避免地会造成一定的地面沉陷、植被破坏等环境损害。

专家们不无忧虑地指出,在这种环境下大规模开采煤炭,若不采取有效的防治措施,将会引起更严重的水土流失、风蚀沙化和环境污染问题!

(二)我们让山河喝彩

尽管已长途跋涉多日,黄委水土保持局和黄委晋陕蒙接壤地区水土保持监督局的工作人员,还是风尘仆仆地赶往水利部批准建设的下一个项目——神东万利一矿技术改造项目。

黄委水土保持局有关负责人说:"流域内的每一个部批项目都是我们监管的对象,每年至少要检查一次,检查覆盖率 100%。"

我们了解到,通过黄委和地方各级水保监督部门连续多年依法实施监督管理,建设单位的水保意识不断增强,对水保工作也越来越重视,并付出了很多努力,有效防治了人为水土流失,保护了当地生态环境。神东便是其中的典型。

"多年来,我们把改善自然和人居环境作为应有的社会责任,按吨煤 0.45 元提取专项资金,在全国煤炭系统中率先建立了生态治理资金长效保障机制。截至 2015 年年底,累计投入生态治理资金 14.5 亿元。"神东一位高层在接受采访时这样表示。

传统煤炭企业一般都是"先生产后治理",对环境损害较重。神东走的却是采前、采中、采后"三期"治理模式,在煤矿开采前就控制性治理流动沙地 103 平方千米。张成虎说:"先把环境治理好了,生态稳定了,再开发时就不会对脆弱的环境带来大的伤害。"

我们从生产部门了解到,为解决生产过程中的煤灰、污水、矸石等治理和污染问题,神东大力实施技术创新,累计创造中国企业新纪录 99 项,获授权专利 508 项,"神东现代化矿区建设与生产技术"还荣膺国家科技进步一等奖。

在绿色开采技术的支撑下,神东的煤炭从生产到装车、从井下到地面,全部处在封闭运行状态中,实现了"采煤不见煤"的"神话";利用地下采空区,建成地下水库 35 座,储水量达 2500 万立方米,成功解决了矿井水外排、污水处理、地面沉陷等问题;生产巷道直接开在煤层上,而不像传统煤矿那样布置在岩层中,这样打出来的基本都是煤炭,矸石占用土地、污染环境的问题也迎刃而解。

在神东水保监测站站长刘军的带领下,我们来到大柳塔煤矿沉陷治理区。一路走来,除了林中一条四五米宽的小路,满目都是密密麻麻的沙棘林,有的已达 4 米多高,一只大什鸡还带着宝宝们在林下穿行。而这片沙棘基地只是神东矿区采后修复的一角,他们累计完成的宜林宜田复垦面积达46平方千米。

从讲解中我们还得知,神东在从时间维度上进行"三期"治理的同时,还从空间维度上实行了外围防护圈、周边常绿圈和中心美化圈"三圈"治理模式,大柳塔便是"周边常绿圈"的一部分。

刘军说,这些年来,他们在外围流动沙地上建起生态防护体系224平方千米,使风沙危害得到根本性控制;在矿井周边的裸露山地上建设常绿林20平方千米,既控制了水土流失,又营造了常绿景观;在中心工业厂区、生活小区建设绿地12平方千米,绿地率达35%,人均公共绿地超过10平方千米。

"目前,矿区植被覆盖率已提高到60%以上,并且还获得了'黄河流域(片)大型生产建设项目水土保持先进单位''全国水土保持先进单位''中华环境奖'等很多省部级以上荣誉。"刘军自豪地说,"刚开始,我们是在沙漠里找绿洲,哪怕看到一两棵树也很兴奋。现在,我们是通过卫星在绿洲里找沙漠!"

"我是母亲河的一弯眉,我是西北大漠的拓荒人。我们让山河喝彩,我们向世界挺进……"

这是神东的企业歌曲《神东人之歌》,歌中唱到要"让山河喝彩",他们做到了!

(三)一曲多赢的合奏

这是一组神东矿区外围风沙防治照。2000年,低矮的沙障内只有极少的几棵草,山坡上除了几个沙雕大字,黄沙遍野;如今,繁茂的沙柳蓬蓬勃勃地生长起来,原来的沙雕大字几乎全被遮住了。

这是一组大柳塔西山生态治理照。2003 年,满目裸露的山体;如今,这里是一片翁翁郁郁的森林,几乎搜寻不到一块儿空地。

这样的对比,在神东矿区无处不在。截至 2015 年年底,神东累计开展水土保持治理 256 平方千米,为开采面积的 1.5 倍。这种"治大采小"的做法有效提升了区域整体水保能力,控制了开采扰动对矿区生态环境的影响,保障了神东煤业的持续发展。据统计,神东建矿以来累计生产煤炭超过 24 亿吨,现已发展成为我国最大的煤炭生产商、我国唯一的 2 亿吨级煤炭生产基地。

大规模的生态治理,有效改善了当地自然环境。经过 13 项指标对比,神东矿区每年的大风沙天数比 1985 年减少 2/3 以上;经乌兰木伦河至窟野河输入黄河的泥沙,每年减少 2000 万吨以上。

通过绿色开采技术创新,神东也获得了一定的经济收益。如在铁路外运、销售煤炭过程中,神东采用自主研发的封尘固化技术,不仅减少了铁路沿线的煤尘污染,而且每年可减少煤炭风损 60 万吨,创造直接经济效益超过 2.5 亿元;地下水库技术为矿区提供了 95% 的生产、生态和生活用水,与以前相比,每年可节省费用约 9.3 亿元。

地方群众也成为神东水保治理的受益者。据刘军介绍,在生态治理的基础上,神东建设沙柳、沙棘、文冠果生态经济林基地 3 处,并与陕西省水保局合作建设了长柄扁桃(野樱桃)示范种植基地,形成政府、企业、农民共赢的局面,实现了沙漠增绿、企业增效、农民增收。当地农牧民的 75 万亩耕地也因生态、气候的改善而获得稳定收成,并催生了林草绿化业的产业化发展,为地方群众提供了 50 万个以上的就业机会。

"神东矿区是煤海,更是绿洲。恶劣的自然环境没有阻止住这支神来之笔。他们把封沙、治沙与煤矿业的开发,看得同等之重……他们在不毛之地上,创造了一个绿色奇迹!"

这是神东在"中华环境奖"颁奖典礼上赢得的赞词。而这,也是对"沙漠绿洲建设者"最大的褒奖!

第六章　山西篇

一、旱垣之地何以成为水果之乡

车在运城市临猗县黄土台垣行进,道路两旁是一方连着一方的果园。在阳光照射下,枝条上挨挨挤挤的果实泛着诱人的光泽,成为秋日里最美的风景。

"泉杜扬水站建设之前,坡下是夹马口灌区,坡上是旱垣,老百姓说,坡上坡下就像天上地下。黄河水上来以后,坡上的泉杜灌区大力发展林果业,现在是'坡上苹果坡下枣,中间地带石榴好'。"运城市夹马口引黄管理局副局长王培道说。

泉杜灌区为夹马口北扩工程受益区,北扩工程是在夹马口引黄灌溉工程的基础上,通过建设泉杜扬水站进行二次提水,把黄河水从坡下送到了坡上。

临猗县地貌分黄土台垣和涑水平原两个地貌单元,黄土台垣俗称坡上。坡上所代表的不只是地形地貌,更是干旱缺水。因为缺水,直到 2005 年,黄土台垣农民人均年纯收入只有 2700 元,还不到坡下夹马口灌区人均年纯收入的一半。

为尽快解决坡上农民的灌溉需求,山西省将夹马口北扩工程列为全省"十一五"35 项应急水源工程之一,全力推进。该工程于 2008 年 3 月 23 日正式开工,12 月 10 日便成功试上水,创造了当年开工、当年上水、当年试运行的奇迹,一举解决了临猗县 9 个乡镇、万荣县 1 个乡镇共 40.6 万亩耕地的灌溉用水问题,受益范围涉及 83 个行政村 20 万人,成为坡上农民经济翻身的致富工程。

"该工程建设工期虽然短,但遭遇的挑战却不小。"王培道说。

笔者了解到，泉杜扬水站扬程高达 155 米，为解决高扬程与大流量、低转速、高效率之间的矛盾，夹马口引黄管理局与有关院校、泵企合作，大胆创新，制造了"两级双进中开离心泵"，为我国高扬程、大流量、多泥沙河流选泵创出了成功经验。

我们到达泉杜扬水站时，该站正在检修水泵。站长楚建收说："像泉杜扬水站这么高的扬程，再加上黄河含沙量大，普通水泵运转 3000 多个小时就磨损得不行，该报废了。我们这水泵已经运转 5000 多个小时了，只需要更换叶轮，水泵还可以继续使用。"

从泵站出来驱车前往黄土台垣，看到路边排列着 3 条粗大的输水管道。王培道说，这些预应力钢筒混凝土管道内径 1.8 米，单根长 5.5 千米，为全省泵站之最，其明铺施工法还为全国首创，进一步加快了建设进度，降低了施工成本。

经过灌区内的小嶷山时，头顶高悬的二郎神输水渡槽引起大家的关注。夹马口引黄管理局研究室主任周建华解释，该渡槽因民间流传的"二郎担山"故事而得名。建设期间，为节约投资、节省土地、方便交通、利于耕作，经对方案优化，在大、小嶷山间修建了这条长 1800 米的渡槽，最大输水能力达 15.3 立方米每秒，创下了渡槽长度和输水能力的山西之最。

"工程上水的时候，全村几百人都跑到现场去看，村里还放鞭炮、炸油饼，跟过年一样。"在泉杜灌区寺后管理站附近，笔者遇到寺后村村民贾敏声，说起工程通水的情景，他至今记忆犹新。

寺后村是泉杜扬水站的首个受益村。当年得知要修建工程，村民主动把房子腾出来给建设者居住，还管吃、管住。

为推动工程顺利进行,时任村支部书记的贾万祥把自家 5.7 亩盛果期果园拿出来,与失地群众置换,支持工程建设,没向政府要一分钱补偿。

贾万祥说:"我们真是旱怕了。以前用井水浇地,打个井要十几万元,浇 1 亩地,水费得 80 多元,群众还为浇地吵架、打架,水也越抽越少。黄河上水后,浇 1 亩地只需 20 多元。现在我们全村 7000 亩地,95% 用上了黄河水,天不下雨也有水浇地啦!"

在临猗县东卓村一处果园旁,村民咸宁也告诉笔者,他家种了 9 亩多苹果树,全是用黄河水灌溉。作为村里管水的斗长,他说:"浇上黄河水以后,苹果个头大、品相好、甜味浓,只要没有冰雹等特殊天气,亩收入可达 8000 元。"

据统计,泉杜泵站自 2008 年上水,至 2017 年年底累计提水 3.3 亿立方米,灌溉农田 480 万亩次,泉杜灌区累计实现农业总产值 150 亿元左右;2017 年,灌区农民年人均收入达到 1.02 万元,较 2007 年增长 7200 元。

告别东卓村时笔者发现,县道两侧有很多果库、冷库、果业有限公司、果品交易市场。据了解,近年来,临猗县以苹果、梨枣、石榴为主的林果业快速发展,已成为全国水果生产优势县、山西省唯一出口果品质量安全示范基地县,亮出了"临猗水果"的特色名片。

旱垣之地何以成为水果之乡?"水果水果,先水后果,没水没果。"笔者想起在临猗县东卓村看到的这条标语,答案不言而喻。而在灌区里,香甜的不只是水果,还有人民群众的幸福生活。

二、水事如天　河东如画

——山西省运城市夹马口引黄灌区因河而美

在山西省运城市临猗县吴王村黄河岸边矗立着一块巨石,上书 8 个大字:"上善若水,水事如天"。

运城市夹马口引黄管理局副局长王培道说:"这是我们引黄供水的情怀和责任。几十年来,夹马口人始终身体力行,狠抓水源保障和供水管理,如今灌区内果硕、粮丰,人民生活富裕、幸福。"

运城古称河东,是我国重要的粮棉生产基地。当地人说,山西粮仓看运城,运城粮仓看灌区,灌区发展看引黄。但夹马口的引黄之路并不平坦。

1958 年,黄河上第一座大型高扬程电力灌溉工程——夹马口扬水站动工兴建,1960 年上水受益,当年上水 630 多万立方米。

然而,该段黄河东西游荡、变化无常。据《夹马口引黄工程 50 年发展纪事》记载,夹马口扬水站一期工程完成后的第十个年头,黄河主流西移 4.3 千米,闸前变身沙滩无法引水,1977 年主流回归,到 1986 年又倒岸西移,灌区数万亩农田陷入困境。

水事如天。为了引水,运城市先后在河滩上挖了十几条引水渠,还修建了浪店等临时水源泵站。每次挖渠时数千人上阵,大家不顾天寒地冻,赤着脚下冰水挖泥。

水源是扬水工程的生命,没有水源一切皆空。夹马口人苦苦寻求从根本上解决水源的方法,经过艰难探索,2001年,他们利用吸泥泵"浮箱"原理,自筹资金、自主设计、自己安装的吴王浮体泵站终于投入运行。

在吴王泵站前,笔者看到,滔滔河水汹涌南下,20多台水泵安放在巨大的浮筒上,水泵与提水管道、提水管道与输水管道之间,由折叠式胶皮管相连,就像人体关节一样可以自由活动。

吴王泵站站长常炎龙说:"浮体泵站能随河水涨落上下波动,去年枯水时黄河流量只有150立方米每秒,洪水期流量达6000多立方米每秒,都没有妨碍引水。"

在浮体泵站的创举之下,夹马口灌区拥有了可靠的水源保障,后经改进、扩建,加之2013年新建池沟泵站,总提水能力达71.2立方米每秒,一天的提水量可达600多万立方米,彻底打破了灌区发展的水源"瓶颈"。

水源在握,发展有底。

在当地政府主导下,2001年以来,夹马口引黄管理局先后南并小樊灌区、北扩泉杜灌区,灌溉面积不断扩大。如何调动供水积极性、加强用水管理,又成为夹马口人孜孜以求的核心。

王培道说:"夹马口引黄管理局的泵站共有三级9站,实行的是事业单位企业化管理模式。泵站是生产水的车间,干、支、斗渠管理单位是销售队伍,用水农户是消费者,整个过程实行市场化运营,打破了以往按行政命令上水的束缚。"

夹马口引黄管理局栲栳灌溉中心主任黄波介绍:"每年,管理局都要下达上水任务。我们的工资就像工厂的计件工资,多劳多得,职工的工作责任心很强。"

　　企业化管理模式提高了供水工作效能,那如何让群众放心用水呢?

　　在临猗县东卓村,笔者看到一面"流量公布墙",上面分各种渠道类型,分别公布了渠道过水深度、流量和每分钟的过水量。

　　夹马口引黄管理局研究室主任周建华告诉笔者:"这是'透明壁',就像超市里商品上贴的标签一样。我们还在斗渠上做了'巴歇尔'量水槽,就像公平秤。群众只要查看过水深度,知道自己的用水时间,就能根据'透明壁'上公布的数据,算出自己的用水量。这是我们实行的阳光工程,为的是给群众一个明白。"

　　为提供更佳供水服务,夹马口引黄管理局还研发了水费查询系统。在该局嵋阳管理站,我们遇到前来查询水费的临猗县嵋阳镇曹家营村村民曹豹志。只见他在触摸屏上点击了村庄、姓名,屏幕上随即跳出了引水时间、停水时间、实浇面积、计费水方、实交水费等20多项内容。

　　曹豹志说:"管理站还定期给我们发手机信息。用多少水、交多少费,我们很清楚,也很满意。"

　　企业化管理和市场化运营模式,畅通了水生产、消费渠道,建立起灌区良性运行长效机制,促进了引黄灌溉事业持续发展。改革开放以来,夹马口引黄工程年提水量由3000万立方米增加到1.5亿立方米,灌溉面积由30.3万亩增加到90.9万亩,受益区涉及临猗、永济、万荣3县(市)19个乡镇45万人口。

　　一条条渠道纵横蜿蜒,累累果实挂满枝头,曾经的黄土台垣被苹果、桃、梨等果树淹没在翁翁郁郁的绿色之中。这是笔者在灌区看到的景象。

夹马口引黄管理局局长石铁吨说："夹马口灌区大部分在临猗县,十几年前我曾在那里工作。引黄供水后,临猗县大力调整种植结构,林果业呈规模化发展,整个县春天是花园,秋天是果园,风景如画。那时候我们一年的工资才两三万元,群众 1 亩果园就能收入七八千元。"

曹豹志家有 16 亩地,原使用井水浇灌,种植小麦。"黄河水是阳水,见过太阳,还含有一定的泥沙,能改良土壤。八九年前,我家开始种果树,去年纯收入 12 万元。"说到这里,他爽朗地笑了。

在吴王泵站,常炎龙告诉笔者,整个夹马口引黄灌区都是农业灌区,关键时候,农作物 7 天之内浇不上水就会减产,影响农民一年的收入。特别是从 7 月中旬开始,近 70 天没有降雨,但有吴王泵站持续供水,灌区丰产丰收得到了有效保证。

对此,永济市栲栳镇吕车村原村支部书记秦建设深有感触。他说:"正常年份,一茬农作物从种到收浇水不少于 3 次,旱的时候浇水更多,全依赖黄河水。现在灌区 8~12 天就能浇一个轮回,再旱也不怕。黄河水浇的地肥,土地都成了吨粮田,一个农户的产量顶得上过去一个生产队的产量。"

据统计,截至目前,夹马口引黄工程累计提水 33.2 亿立方米;灌区农民人均年纯收入由改革开放前的 178 元增加到 1.41 万元;灌区年总增产值在 50 亿元以上。

"潺潺大河数千年,绵绵流淌不回还。昨夜咆哮浪三丈,今日温顺欲断弦。天生我是黄河儿,老死不当旱地官。而今幸为禹王将,来世还作引黄卷。"离开运城时,笔者想起夹马口人所作的这首《黄河恋》，眼前仿佛铺开一幅壮阔的画卷。画卷里，有左右游动的黄河巨龙，有上善若水的供水情怀和水事如天的责任与付出，更有粮食安全、人民富裕、河东发展的美丽风景。

三、一渠黄河水　两场翻身仗

不知为何,听到"栲栳"这个名字,笔者的第一感觉便是靠老天吃饭的干渴与困顿。

山西省永济市栲栳镇吕车村原党支部书记秦建设说:"那是从前。现在有栲栳灌溉中心供水,天再旱,咱灌区里也不存在旱情。"

栲栳灌溉中心隶属运城市夹马口引黄管理局,灌溉受益区称小樊灌区,覆盖范围包括永济市栲栳、张营两镇40余个行政村,设计灌溉面积17.3万亩。

"小樊灌区是因小樊泵站而得名,它的管理单位原来叫小樊扬水工程管理局。"夹马口引黄管理局副局长王培道说。

据了解,小樊泵站始建于1957年,初始规模很小,后不断改造、扩建,供水范围逐渐扩大,职工人数也发展到二三百人。但受黄河"三十年河东,三十年河西"游荡特性的影响,到20世纪80年代,随着主溜持续西移,小樊泵站慢慢失去了供水水源。

栲栳灌溉中心退休干部吴茂奎是小樊扬水工程管理局的老人儿,谈起水源西移的困境,他说:"每年需要放水的时候,干部职工都到河滩里挖沟、浚水,后来实在挖不成了,就在河滩里打了几眼井,把井水汇集到渠道里送往灌区,勉强维持。"

水是灌区的命脉。失去了黄河水,灌区内的机井便疯长起来,最多的时候达630多眼。

然而,疯长的机井并没有换来人们期待的丰产丰收。张营镇冯营村村主任李玉民说:"用井水浇 1 亩地需要两个小时、20 多元钱,一茬庄稼至少要浇 3 遍,旱的时候没有 4 遍水解决不了问题。费时、费钱、费工不说,井水浇出来的地还容易板结,亩产量只有区区几百斤。"

这还不算,因大面积抽取地下水,水位不断下降,李玉民说,他们村上有的房子都裂了。

没了黄河水源,灌区粮食安全、群众增收、生态环境等面临严峻考验,作为供水单位的小樊扬水工程管理局也面临严重的生存危机。

景随高为小樊扬水工程管理局的老职工,他说:"泵站上不了水就没有经济收入,没有收入便发不出工资,一些技术工人先后离开单位,凭着手艺到社会上自谋生路。后来人越走越多,单位几近瘫痪。"

小樊灌区和供水单位的窘况牵动着地方领导的心。2001 年 5 月,运城市人民政府召集有关部门研究,决定将小樊泵站与夹马口引黄工程的管理单位合并,使小樊灌区重新迎来了生命的春天。

夹马口灌区是 20 世纪 50 年代后期建成的大型灌区。两工程管理单位合并后,小樊灌区的水源站改至夹马口灌区水源站——吴王泵站,该泵站为黄河上第一座大型浮体泵站,可随河水涨落自行调节取水位置,彻底解决了灌溉水源问题。随后,夹马口引黄管理局通过申请国家资金和自筹资金,对小樊灌区进行相应水利配套、泵站改造、渠系修复扩建等,重新构筑起灌区的输水血脉。

"2009 年,山西省调整大中型泵站灌溉电价、水价,大力实施惠农政策,积极推广引黄灌溉,加快了小樊灌区的发展。"王培道告诉我们,目前,小樊灌区的实灌面积已由 2001 年的不足 1 万亩,扩大到了 11.2 万亩。

栲栳灌溉中心主任黄波说:"过去,一眼井一天一夜只能浇十几亩地。黄河水上去后,一天一夜能浇 8000 亩,这就是黄河水的威力。就像今年,天气持续高温,土地特别干旱,我们从 7 月 25 日开机到 9 月 2 日停机,没有休息一天。要是没有黄河水,老百姓真不知怎么办了。"

笔者了解到,当地井浇一亩地要二十几元,黄河水只要十几元;黄河水浇过的土地,玉米亩产普遍可达 700 千克,小麦亩产 500 千克以上。

据统计,2001 年以来,小樊灌区累计生产粮油等 9.9 亿千克,共实现产值 7.9 亿元,群众人均收入由 5040 元增加到 14504 元,井水位也由 90 多米回升至 40 多米,交出了粮食安全、增产增收和生态安全的喜人答卷。

同样受益的还有小樊灌区的供水管理单位。2001 年至 2018 年 9 月底,栲栳灌溉中心累计上水 2.57 亿立方米,年上水量由 100 多万立方米增加到 3000 多万立方米,年度水费收入由 70 多万元增长到 700 多万元,职工人均收入由几千元上升到 4.5 万多元,现已成为夹马口管理局旗下效益最好的单位。

黄波说:"目前是小樊灌区历史上最辉煌的时期。灌溉效益好了,过去从单位离开的同志又争着想回来。我们现在进人都是招考,有大中专以上学历的学生,通过考试才能进到咱水利行业来。"

一渠黄河水,两场翻身仗。看着群众代表和供水职工脸上的笑容,笔者知道,正是有了持续不断的黄河水源供给和持续发展的引黄灌溉事业,灌区群众和供水单位才分别走出曾经的干渴和泥淖,实现了各自的漂亮翻身,迎来了幸福与发展的新天地。

四、最美矿山背后的"秘密"

2016 年 5 月 11 日上午,在中煤平朔集团有限公司(简称平朔集团)安家岭煤矿,150 余辆大卡车、电铲、钻机等大型机械正在宽 3000 米、长 6000 米、深 200 米左右的矿坑里作业。8 台容量 80 吨的大型洒水车来往反复,在剥离、采煤、排土区一边行驶一边不停地洒水。与想象中煤灰漫天、乌烟瘴气的景象不同,眼前几乎看不到煤灰飞舞,就连在矿坑下工作的推机也清晰可见。而矿坑右边不远处则是生态修复后的排土场,耸立的土体被修整成一层一层的梯田,每一层台面和斜坡上都覆盖着绿意葱茏的植被,俨然一处风景秀丽的生态公园,丝毫看不出复垦前"黄土高坡"的模样。

(一)一座开采与治理同步进行的煤矿

与安家岭煤矿相邻的安太堡煤矿同属平朔集团,是一座极具标志性意义的煤矿。这不仅在于它是我国最大的一处露天煤矿,同时它也是我国改革开放引进的第一笔外资建设的煤矿,1979 年初春邓小平访问美国时,和美国西方石油公司董事长哈默博士的一次握手,揭开了中外经济合作的序幕,也促成了这一大型中外合作项目的开发,美方投资 3.4 亿美元,持有 51% 的股份;而且,煤炭开采初期,该煤矿便注重经济建设与土地复垦同步规划、同步实施、同步发展的理念,实行的是全方位的现代化管理。

安太堡煤矿建设之初令世界轰动,而其生态破坏方式和强度,则引起山西省生物研究所的极大关注。煤矿于 1987 年投产后,研究所的科研人员以对黄土高原的特有情感和强烈的责任心,敏锐地跟进了安太堡矿区的土地复垦与生态修复课题。

该所原所长李晋川是矿区土地复垦与生态修复课题的第二代带头人,对于露天煤矿开采作业,他形容说:"就是'愚公移山',把山搬开,把煤挖出来,再把山填上,挖煤开采的台阶多达十几层,每层高 15 米,场面非常震撼,让人深切地感觉到生态修复的重要性。"

该课题组成员、研究所植物资源与生态研究室主任岳建英也说:"露天开采就是土地'大揭盖',对生态来说是覆灭性的损毁。一般开采深度在 200 米左右,剥离的土堆起来形成松散的堆积体,就像土山一样,极易水土流失,遇到大雨还会发生滑坡等地质灾害。而且,黄土高原区本身的生态就非常脆弱,再加上采矿破坏,生态环境所遭受到的不仅仅是'影响',而是'威胁'。"

据了解,安太堡煤矿采用的设备都是从美国、日本、西德进口的重型器械,其中装煤的电动铲斗一铲可装 50 吨;拉煤的"小松"牌大卡车被人们形象地称为"巨无霸",其载重量达二三百吨,轮胎直径达 3.5 米,约相当于两个皮卡车的高度,笔者站在一个立起的轮胎前,举起手臂仅可够到轮胎的中心位置。

不可否认,先进的设备有效加速了采煤业的发展,但同时,采煤造成的生态环境的损毁也让人触目惊心。

(二)三代人近 30 年一直在做这件事

山西省生物研究所原研究员马志本是矿区土地复垦与

生态修复研究课题的第一代带头人。也正是在马老等人的努力下,经过多次交涉,研究所拿下了这一重大课题,与美方一起展开土地复垦技术研究。

然而,世事变幻莫测,中美合作开采安太堡露天煤矿一期的协议为30年,但因哈默于1991年去世,美方从安太堡煤矿撤资,经营管理全部交由中方负责。相应的,美方关于矿区生态修复的工作也自此停止。

从1992年开始,马志本、李晋川、山西农业大学教授赵景奎、中国地质大学(北京)教授白中科及矿区负责人带领课题组成员,紧密结合黄土高原区的地理、气象条件,先后开展了安太堡露天矿废弃地复垦、平朔露天矿区生态环境整治、露井联采采煤沉陷区土地复垦与农业生态再塑、资源转型城市矿区生态修复等20余项研究。这些项目中,既有国家重点攻关项目,又有国家自然科学基金项目,还有国家科技支撑计划项目,并且多个项目获奖,其中"安太堡露天矿废弃地复垦系统工程的研究与开发"示范项目还获得山西省科技进步一等奖。

从第一代"复垦人"到目前的第三代"复垦人",时间过去了约30年,研究团队的协作单位由最初的山西农大变为中国地质大学(北京),人员也由10余人发展到30余人。但无论条件如何艰苦、人员如何变化,该研究团队一直都在持续不断地跟踪研究矿区生态修复动态变化及过程!

李晋川说,针对同一矿区进行长期、持续的研究,正是他们的特色。在长期、系统的研究过程中,他们由最初的被动采用美国以草先行、以草为主的复垦模式,到采用工程复垦与生物复垦紧密结合的一体化模式,再到构建稳定人工生态系统、优化矿区生态重建规划、研究配套技术支撑体系,再到由单一注重生态重建、关注生态安全转向提高农业复垦效率,直至开展资源转型城市矿区生态修复关键技术研究与示范。一路走来他们发现,矿区治理不单是土地修复问题,更重要的是生态修复,"如果不做生态修复,复垦后的土地还会退化。"而对于生态的认识,他们也由早期单纯的植被层面上升到整个生态系统,并且"这个系统应包括气候、土壤、水分及植物、动物、昆虫、微生物等,如果这些都是健康的、良性循环的,则就是一个相对稳定的生态系统。"

针对植被这一项,课题组通过研究和实践,优化确定了草灌乔结合模式。李晋川说:"草灌乔结合是我们一直强调的治理思路,第一步要覆盖地表,减少水土流失,同时为土壤和植物提供营养。看起来三者之间初期会进行养分竞争,但比只种树产生的自然蒸腾要少得多。有一年连续 10 个月无雨,路边的树都干死了,而生态林里的油松、刺槐、榆树都成活了,这就是生态系统的作用。而且,草长到一定程度退化后可以给灌乔提供养分,灌也一样,从而促进养分梯级循环与利用,最终形成稳定的群落结构。"

李晋川还提到他们的另一特色,那就是他们研究的问题从企业而来,所做的研究针对企业进行,研究成果直接由企业实施,是边研究、边示范、边治理,省去了通常情况下小范围零敲碎打搞试验的中间环节,加快了生态修复进程。据了解,该课题建有生态重建永久性研究样地 3.6 公顷,土地复垦与生态重建示范区 3 万亩,现代生态农业产业示范区 2000亩。截至 2015 年年底,共完成土地复垦总面积 4 万亩,复垦率达 95% 以上。

（三）走出矿区生态修复的多赢之路

在安太堡南排土场门口，立着一块"国家级矿区土地复垦与生态重建示范基地"的大牌子，标示着它重要的行业引领地位。

岳建英告诉笔者，安太堡南排土场主要是人工生态林区，面积 2700 亩，植被覆盖率已达 90% 以上，现有油松、刺槐、沙棘、柠条、苜蓿等植被百余种，狐狸、狍子、野兔及鸟类等定居野生动物已达几十种。放眼望去，绿树夹拥着蜿蜒伸展的硬化道路，紫丁香在阳光下散发着阵阵清香，丛丛柠条绽露出朵朵黄色的微笑，一只野鸡还抖着彩色的羽毛快步穿过道路没入林中。置身其间，再次提及煤矿开采之前原地貌不足 20% 的植被覆盖率，科研人员感慨万端。

更让人欣慰的是，林下还生长出不少已高达 2 米多的小榆树。岳建英说："这是大树落下的榆钱自己生长的，说明这个物种适宜在本地种植，具有自然更新的能力，同时说明南排土场人工生态林在健康成长。"

在安太堡西排土场观景台东望，是安太堡煤矿内排土场——全国农村科普示范基地。该基地由平朔集团的子公司——兴绿农牧开发有限公司（简称兴绿公司）经营，共建成智能温室 1.6 万平方米，日光大棚 300 余座，年可出栏 4000 只羊的现代化羊场一座，以及中药材种植示范区、农业种植区、配套生态景观区 4000 余亩。

在科普示范基地，南方的果树、立体无土栽培蔬菜、优雅绽放的蝴蝶兰等让人目不暇接。技术员还给我们算了这样一笔账：以前农民种玉米都是靠天吃饭，1 亩地最多收入 1000

元,现在种植西红柿、黄瓜等大棚蔬菜,一亩地可收入 1.4 万元左右,如果种食用菌每亩可达 2 万~3 万元,像智能温室种兰花的,每亩收入可高达 20 多万元。"更重要的是,示范基地建成后,部分失地农民可以到这儿上班,解决了就业问题,产生了良好的社会效益。"

走过约 30 年的追绿之路,矿区生态修复工作取得了骄人的成绩。李晋川说:"下一步,我们还要深入研究矿区生态修复过程及演变规律。简单说,就是让原来的技术上升到科学,再用科学理论去评价原来技术的优劣,重新指导技术。"

据统计,2007—2015 年不到 10 年间,平朔集团先后取得林业、环保、水土保持、"蓝天碧水工程"等 19 项省部级以上荣誉,2013 年还荣膺"中国最美矿山"称号,把煤矿和美丽连在了一起。回首 30 年来矿区生态修复的历程不难发现,那支不懈追求的科研团队和他们步步深入的科研成果,正是成就最美矿山的"秘密武器"。

第七章　河南篇

一、开封:古城　新事

　　"周末去哪里?""开封!"

　　如今,开封已成为越来越多的郑州市民乃至开封周边城市市民的最佳旅游度假选择。吸引人们的除了她深厚的文化底蕴、良好的自然环境及便利的交通条件,还有日渐靓丽的水系景观。人们不禁要问:历史上曾因水患而灾难深重的开封,如今又与水续写着怎样的故事?8月初,笔者来到开封,探究了这座古城与水的过去与现在。

古城水韵(资料图片)

(一)兴于水　废于水

　　地处中原、依偎在黄河之畔,开封曾尽得地利,加之先人以勤劳与智慧开挖疏浚汴河等多条河道,建立起黄河与淮河间的水路枢纽,并扼守咽喉位置,具得交通之便利、漕运之优势,在中国历史上书写了八朝古都的传奇。在凭借水的惠泽成就世界级大都会的辉煌之后,频仍的黄河水患又将这座城一次次推向绝地。开封城在淹了修、修了淹的循环中承受着、忍受着,这里的人民也努力抗争着,他们修筑黄河大堤、护城堤,铸造镇河铁犀,只为让曾经有恩于他们的水不再带来灾难,恢复曾经的"慈祥"与"宽容"。新中国成立后,随着现代治河科技的发展,黄河已实现岁岁安澜,依偎在其身旁的开封也迈进了与水和谐相处、共同发展的新阶段,"北方水城"的新姿再次绽放。

(二)新时期　新问题

受地理位置及自然因素影响,开封自古便河湖密布,在得天独厚的自然基础上,加以沧桑的历史沉积,如今的开封享有"一城宋韵半城水"的美誉。运粮河、马家河、惠济河、利汴河等16条河流或穿城或绕城;包公湖、龙亭湖、西北湖、铁塔湖、阳光湖等诸多湖泊,如颗颗玉珠点缀于城中,水域面积占老城区面积的1/4。它们与老城外的黑岗口调蓄水库、黑池、柳池共同形成了"北方水城"宽广的水域。

在城市飞速发展的今天,这些河流、湖泊既承担着供水、排涝、纳污等任务,同时也为开封创造了水城独有的生态环境与旅游资源,令这座历史文化名城独具特色,而这背后,河流、湖泊所承载的已超出了其自身的能力。

由于开封市位于北方缺水地区,年降雨量少,季节性较强,市区内的河流基本属于雨源型河流,无自然基流,雨水丰沛时水量充足,而非汛期则干涸或承纳工业废水、生活污水,维持河流基本生态功能的生态用水量严重不足,致使河渠水质随着日益加速的城市发展呈不断恶化趋势,河流丧失了自我修复功能,生态环境不断恶化。市内湖泊也因无法循环净化而出现水质恶化等问题。

流水不腐,必须让水流动起来,也只有这样才能改善水域水质和环境,进而开发水域经济。由此,开封水系建设工程应运而生。

2002 年启动的开封市水系一期建设工程打通了连接龙亭湖和铁塔湖的广济河,使两湖的湖水自由流动;整修了 600 米长的利汴河,使龙亭湖、铁塔湖与城外水系连接起来。2006 年,连接包公湖、龙亭湖,名为"大宋御河"的水系二期工程开始建设,并于 2013 年正式开通运营。这两期工程只是开封市委、市政府实施的"四河(黄汴河、惠济河、广济河、利汴河)连五湖(包公湖、龙亭湖、西北湖、铁塔湖、阳光湖)"宋都水系建设工程的一部分。目前,这项旨在恢复千年前的水系奇观的工程仍在继续推进中,待五湖连通时,开封"北方水城"的风貌将愈加完美,沿河、沿湖的生态与人居环境将因流动之水而更加怡人。

(三)新机遇　新挑战

城市的发展会引起诸多如环境破坏之类的问题,但同时也会给城市带来新的机遇。2009 年,国务院正式批复实施的《促进中部地区崛起规划》中指出:在促进中原城市群建设中,要重点以郑东新区、开封新区(城乡一体化示范区)、洛阳新区建设为载体,整合区域资源,加强分工合作。2010 年 4 月,开封入选中国社会科学院发布的 2010 年中国《城市竞争力蓝皮书》未来十年最具竞争力城市。2011 年 9 月,《国务院关于支持河南省加快建设中原经济区的指导意见》中明确提出推进郑(郑州)汴(开封)一体化发展,支持开封市城乡一体化示范区加快建设。

乘此机遇,一个全新的区域正在开封古城西侧崭露头角,这便是开封新区(城乡一体化示范区)。而在这片拔地而起的新区中,最耀眼、最吸引人的莫过于开封西湖。正如开封新区基础设施建设投资有限公司工作人员所说:"有水才能有人。"

开封西湖以黑岗口调蓄水库为基础,北起连霍高速公路、南邻宋城路、东至开封市护城大堤、西到马家河北支,南北长5.5千米,东西最宽处1.2千米,占地面积约8400亩,水域面积5000余亩。作为开封市城市总体规划和开封新区总体规划确定的城市南北向绿色景观廊道,开封西湖是进一步体现开封"北方水城"特色、建设生态宜居新城的重要内容。2014年5月1日,该湖成功蓄水;2015年9月28日,正式开园。

在开封西湖端容已现的同时,新区核心区的中意湖及其河道也在如火如荼的建设中。该人工湖从开封西湖西岸郑开大道北侧引水,工程完工后将与从西湖西岸东京大道北侧引水的碧水河一道,连接起西湖与规划中的运粮河调蓄水库工程。穿插其间的还有晋安河、马家河等,最终形成"一湖(众意湖)、两区(黑岗口水库和马家河蓄泄洪工程区、运粮河调蓄水库和运粮河蓄泄洪工程区)、三横(碧水河、晋安河、马家河)、四纵(运粮河、秀溪河、清溪河、马家河北支)"的开封新区水系网络。假以时日,烟波浩渺、水系通达、灵动秀美的开封新区将为"北方水城"延展出更为壮美的画卷,而这一切无不彰显着河湖连通的理念。

据开封市水利局副局长王付瑞介绍,开封的水系建设在兼顾河道功能的基础上，利用天然河湖增加水面面积，同时注重贯彻海绵城市建设理念，诸如加宽河道以提高河流蓄水能力、围绕"渗、输、净、用、排"巧作水文章等，为水系和城市建设与发展注入更具前瞻性的理念。

新区的水流动起来了，它也没有忘记不远处那静静矗立了千年的老城区，它要用自己的活力与灵动带给这个厚重沧桑的古城以新的生机。而连接新老城区的，便是即将开工的涧水河治理工程。该河段位于开封市东京大道北侧，从开封西湖东岸东京大道北侧引水，向老城区龙亭湖、包公湖等供水，再东行至开封城东北隅，为铁塔湖供水。

新城带老城，周而复始，生生不息。开封，这座千年古城正在渐渐打通的水系浸润下一步步绽放新姿。

让现有以及规划中的河、湖、库恢复和保持健康、实现良性运转，已成为依托水利，实现城市复兴与繁荣和生态环境改善的重要抓手。开封的城市复兴与发展之路如同水系建设一样仍处于起步阶段，未来任重而道远。笔者将持续关注开封水系建设工作，从更多角度展现"北方水城"的现在与未来。

二、人民胜利渠：从胜利走向胜利

深秋时节，走进河南省人民胜利渠，仅闻其名，笔者已被深深吸引。

一路走来，从黄河上游到中游，我们走过许多引黄工程及灌区，它们绽放出的美丽各有千秋，但名字大都与河名、地名或地理称谓有关，如引大（大通河，黄河支流）济湟（湟水河）工程、景泰电力提灌工程、河套灌区等。人民胜利渠却是个例外。

这是一条怎样的渠道？她为何被冠以"人民胜利"之名？建成以来，她又取得了怎样的胜利？

（一）在黄河下游开口引水

"中国黄河无法治理，黄河流域下游及周边地区若干年后将会变为荒漠。"这是 1949 年，西方国家水利专家在印度集会时给出的断言。

黄河下游真的会变成荒漠吗？

黄河善淤、善决、善徙，是世界上最为复杂难治的河流。据统计，在 1946 年人民治理黄河以前的几千年中，黄河下游决口泛滥达 1500 多次，较大的改道有 26 次。据史料记载，"泛滥所至，一片汪洋。远近村落，半露树梢屋脊，即渐有涸出者，亦俱稀泥嫩滩，人马不能驻足"。洪水退去后，面积广大的黄泛区黄沙漫漫、寸草不生，面临严重荒漠化威胁。而在背河洼地，因堤防渗漏、地下水位抬升等，土壤盐碱化十分严重，人民生活极为困苦。

人民胜利渠管理局局长李世军说："在这样的历史背景和国际舆论下,刚刚诞生的中华人民共和国决策兴建人民胜利渠,困难很大,意义更大。"

据了解,人民胜利渠最初的名字为引黄灌溉济卫工程,渠首位于黄河桃花峪下游武陟县嘉应观乡秦厂大坝,至河南省新乡市汇入卫河。1949年10月,经水利部及中央财经委员会批准,引黄灌溉济卫工程前期工作启动。1950年年初,黄委编制了《引黄灌溉济卫工程计划书》,设计灌溉面积36万亩。1951年3月,经周恩来总理亲批,该工程正式开工建设。

黄河下游本已灾害频仍,治理之难难于上青天。在资金、技术、机械等都极为匮乏的年代,防决尚顾之不暇,而今却要在下游堤防上开口引水,能行吗?

然而短短一年之后,中国人民便以罕见的智慧和力量向世界亮出答案:引黄灌溉济卫一期工程胜利竣工,1952年4月12日成功开闸放水!也正是从这一天起,该工程有了一个新的响亮的名字——人民胜利渠。

"这是新中国成立后在黄河下游兴建的第一个大型引黄工程。她最了不起的地方,就是不仅在黄河上开了口,还使黄河变害为利,'开下游引黄灌溉先河、创综合利用伟业'。"李世军说。

人民胜利渠建成后,拉开了黄河下游临黄地区大规模开发利用黄河水沙资源、发展引黄灌溉的序幕,使临黄地区水生态环境和农耕条件得到根本改善,并迅速发展成为我国最大的连片自流灌溉区,彻底改变了中国农业生产布局。

联合国粮农组织项目经理阿伦·坎迪亚在考察人民胜

利渠时称赞说:"这是一个伟大的工程,它将造福于中国人民。"

(二)打破30年淤死的预言

人民胜利渠虽胜利引水开灌,但黄河"斗水七沙",一些外国水利专家对引黄灌溉前景并不看好,还有人预言,人民胜利渠最多运行30年就会淤死。这对新生的人民胜利渠来说,无异于当头一棒。

人民胜利渠管理局副局长罗华梁告诉笔者:"虽然有30年预言,但人民胜利渠一直都没有停止前进的脚步。"

资料显示:1952—1953年,该渠第二期、第三期工程先后告竣,干支渠系进一步完善;到1960年年底,各级排渠工程也相继完成;1999年以来,还持续开展了续建配套与节水改造项目。目前,人民胜利渠共有总干、干、支等五级固定灌溉渠道,其中,支渠以上渠道120条、长810多千米,干支渠共有主要建筑物2170余座;排水系统以卫河为总承泄区,由四级河沟组成,形成科学的灌排体系。在引黄灌溉人的努力下,人民胜利渠的生命充满活力,并走向壮大。

跟随人民胜利渠管理局东三分局局长朱留杰,笔者来到河南省延津县榆林乡张河村。时值冬小麦播种前的灌溉间歇期,分干渠没有行水,由混凝土预制板衬砌的渠道看上去底平坡顺、结构完整。

人民胜利渠灌区的续建配套和节水改造工作历经16个年度、23期工程,共完成骨干渠道改造240多千米,改造各类建筑物787座,骨干渠系衬砌率达到82.5%,工程运行标准和渠系输水、节水能力显著提高。"朱留杰说。

续建配套和节水改造项目实施后,该灌区年节水量达1425万立方米;恢复和改善灌溉面积近84万亩;年新增粮食生产能力9.35万吨。人民胜利渠以其饱满的生命,为灌区农业发展提供了"高速"水路和强劲动力。

在人民胜利渠管理局节水灌溉试验站旁,是一块金灿灿的稻田,地头的牌子上标示着"中国农业科学院科技创新工程项目""国家自然基金科学项目"字样。这跟该局又有什么关系呢?

该站主任李中生解释:"这是我们和国家科研院所联合开展的研究项目。人民胜利渠开灌伊始,就非常重视科研工作,1953年成立了灌溉试验场,2008年更名为节水灌溉试验站,其实是进行引黄科学研究试验的地方。"

多年来,人民胜利渠管理局先后对作物灌溉制度、盐碱化、井渠结合、灌区综合技术改造等进行系统研究,仅改革开放以来就完成科研项目40余项,获地厅级以上科技奖和国家专利30余项,为发挥灌区效益挺起了科技的脊梁。

"特别是在泥沙处理方面,通过将湖泊型沉沙池改为条池、进行渠道泥沙分布规律和挟沙能力研究、实行合理浑水灌溉、实施灌区综合技术改造等,达到了从源头上拦粗沙、排细沙的目的,保证了骨干渠系冲淤平衡,科学地利用了黄河水沙资源。开灌以来,共引进并处理利用泥沙4.5亿吨。"人民胜利渠管理局副局长琚龙昌说。

有关数据显示,人民胜利渠开灌初期灌溉面积36万亩,到1977年实灌面积接近90万亩,目前已发展到184.84万亩,受益区包括河南省新乡、焦作、安阳3市11个县(市、区)的57个乡镇。实践证明,经过66年运行,人民胜利渠不但没有淤死,而且还在源源不断地为豫北地区的经济社会发展输送着黄河水源。

打破 30 年生命谶语的人民胜利渠犹如一颗明珠,吸引了 30 多个国家元首、政府首脑,以及联合国官员、水利专家、外交使团等前来参观、考察。国际灌排委员会主席巴特·舒尔茨在为人民胜利渠灌区题词时写道:"能在这样多泥沙的条件下灌溉,确实是个奇迹。"

(三)让贫苦豫北美丽变身

"以前我们这儿全是盐碱地,老百姓都说'冬春白茫茫,夏秋水汪汪,只听蛤蟆叫,就是不打粮'。引来黄河水以后,都变成好地了。你看我家水稻这长势,估计亩产量得在 1200 斤以上。最高的一年,亩产量 1500 斤还多哩!"原阳县祝楼乡新城村村民祝忠民说起黄河水,掩饰不住内心的欢喜。

人民胜利渠开灌前,豫北地区频受洪、涝、旱、渍、盐碱、风沙等自然灾害影响,农业生产条件极其恶劣。在全国闻名的老盐碱区获嘉县丁村,地下水含盐量很高,水又苦又咸,难以饮用,群众戏言"喝了丁村水,两眼活见鬼",饮水安全令人担忧。

"人民胜利渠兴建后,灌排体系不断完善,进入灌区的水沙也有效压制了盐碱、改良了土壤,使原来的碱荒地、沙荒地、沼泽地逐步变成了麦棉轮作或稻麦双收的高产稳产田,实现了粮食丰产、人民幸福、生态改善等多赢效益。"琚龙昌说。

据统计,改革开放 40 多年来,人民胜利渠共引水 225 亿立方米,社会经济效益达 247 亿元。目前,灌区内每公顷土地年均粮食和棉花产量达到 14250 千克、1125 千克,分别为开灌前的 10.7 倍和 5 倍,使豫北平原一跃成为全国闻名的商品粮生产基地。黄河水还催生了"原阳大米""延津小麦"等全国知名农业品牌,使灌区群众把香甜的饭碗牢牢端在了自己手里。黄河水送入"苦水区"后,人民群众无不乐开了花。2014 年,人民胜利渠渠首暨嘉应观还被水利部评定为第十四批国家水利风景区,进一步点亮了豫北大地的美丽容颜。

"目前,我们正在开展人民胜利渠水源工程改造前期工作:一是黄河张菜园闸穿堤改造工程;二是西霞院灌区暨输水工程。这两项工程实施后,人民胜利渠灌区将会焕发新的活力。"面对未来的发展,李世军说他们已开启了新一轮行动。

走出人民胜利渠管理局时笔者注意到了该局的标志:两个粗体 V 字对面咬合,中间地带为一 S 形转弯。据介绍,V 是胜利之意,S 形转弯象征渠道,两个 V 是指引黄灌溉工作离不开黄河主管部门和人民群众的共同支持。

在笔者看来,这一左一右两个 V 字也代表着从胜利走向胜利——历史对此已给予证明;进入新时代,在引黄灌溉人的不懈探索与努力下,人民胜利渠也必将由胜利走向新的胜利。

三、故道上的绿色征程

说起林场的点点滴滴,已经 80 岁的商丘民权林场原总工程师佟超然脸上始终挂着笑容。这位 20 世纪 60 年代毕业于北京林业大学的高才生,在林业部报道后,仅上了两个月的班便被分配到了河南民权,投身到了一场漫长而艰辛的绿色革命中。从北京到民权,从繁华的首都到黄沙漫漫的穷乡,从 1962—2018 年,佟超然说,没有想过落差,从未觉得后悔,因为身后那片抹去黄沙的万亩绿波便是一辈子的骄傲。这片坚定地扎根在豫东平原的绿波便是名列"亚洲十大平原人工防护林"之一的民权林场申甘林带。这抹绿中,有佟超然等老一辈植树人毕生的心血,更有薪火相传几代植树人不懈地坚守。

(一)为了生存,植树

清咸丰五年(1855 年),黄河在今河南兰考北部决口,酿成著名的铜瓦厢改道,结束了 700 多年南流的历史。此后,大河北去,兰考以东的原流路成为漫漫千里故道,蜿蜒于豫鲁皖苏 4 省 8 市 25 县(区)444 个乡镇。民权处于千里故道上游地区,长 52.4 千米,跨野岗、程庄、胡集等 7 个乡镇。

大河北去,留给故道的是绵延不绝的沙丘群。

在这片布满黄沙的艰困之地,故土难弃的百姓倔强而无奈地讨着生活。肆虐的风沙抢夺着他们的口粮,破坏着他们的家园,把民权这片曾经人杰地灵的热土推向了饥荒、动荡、悲凉的绝境。

在绝望中求生总是欲望更强。"固风沙、除涝灾、治盐碱,要想过上好日子,必须翻过这'三座大山'。"提起当年的绝地求生,老民权人将"必须"两个字说得格外用力。

1949 年 12 月,新中国成立不足百日,虽百废待兴,但河南省人民政府毅然决定营造横贯郑州、开封、商丘、许昌、淮阳 5 地(市)19 个县的豫东防护林带,以求封禁风沙,保护农田,还百姓一方安宁的家园。

1950 年 1 月,商丘市民权林场的前身——河南省豫东沙荒造林管理处成立,包括民权在内的多地拉开了造林治荒的序幕。深受沙荒戕害的民权人民将植树治荒的任务扛在肩上,视其为使命更视其为生机,而这一挑便是半个多世纪。

"沙窝深,随便一脚踩下去就能到脚踝,只一下沙子就把鞋灌满了,所以,大家都养成了不穿鞋的习惯。光着脚、拉着几十斤重的草绳,一边规划行距和株距,一边用大铁锹挖坑栽树,日复一日。"林场首任场长、如今已 84 岁高龄的康心玉说。

作为林场的第一个中专生,1955 年毕业于洛阳林业学校的康心玉经历了林场由雏鸟到雄鹰的艰难与沧桑。"那时候都知道豫东穷,很多同学毕业了不愿意来这,我是班长,而且家是豫东宁陵的,就响应国家号召报名到沙荒管理处,然后分配到了民权。"

与土生土长的豫东人深谙沙荒之苦、立志改变家乡不同,本是河北保定人的佟超然在到民权之前是没有想到即将迎接他的是怎样恶劣的环境的。

"1962 年沙荒管理处被收归林业部,更名为林业部河南省商丘机械林场(简称民权林场),我也是那年分来的。刚来的时候,住地窨子里,就是地上挖个坑,上边树枝搭个棚子,早上起来被子上全是沙。"佟超然回忆起过去的苦日子时脸上却挂着微笑。"那时候苦是肯定的,但是大家都一样,住的都是地窖子,吃的都是红薯、红薯干,干劲却大得很。"笔者问他,作为一个当年那么稀缺的名校本科生,从北京一下到了这样的穷乡僻壤心里落差大吗,佟超然摇摇头说:"没想过,国家培养我那么多年,国家需要我到这里我就好好干。"

在那段艰苦的岁月里,康心玉、佟超然等老一辈林场人,凭着改变家乡恶劣环境的信念,凭着报效祖国的一腔热忱,育苗、施肥、规划、栽种、管护,无论岁月动荡,无论生活是否朝不保夕,都没有停止过植树、护绿的脚步。

说到几次或错过或放弃上调、继续深造的机会,佟超然放在桌上的手不自觉地快速轻敲了几下,但脸上依然是恬淡的笑容。个人发展与集体发展,个人利益与国家利益,也许也曾在这位老人的内心里有过涟漪,但坚守林场是他最终、不变的选择,也是绝大多数林场人的选择。正是在这份坚守下,沙地上种活了树苗,树苗长成了树木,树木又变成了森林。

岁月荏苒,康心玉的头发白了,佟超然的耳朵背了,第二代林场人接过铁锨又传给第三代,民权的植树治荒事业也从一亩苗壮大成了万亩。

在拱卫着农田的林带间,民权人告别了颗粒无收的岁月,当粮袋子日益丰盈的时候,生存早已不是问题,植树却仍未停止。

(二)为了生活,植树

采风期间恰逢民权降雨,雨水的冲刷让林区里的每一抹绿色都格外温润、清透,走在申甘林带的刺槐林中,负氧离子让人神清气爽,满目葱茏的绿色让盯惯了电脑、手机屏幕的眼睛舍不得离开。"林场现在的经营面积达 6.9 万亩,有林地 5.5 万亩,林木蓄积总量 18.7 万立方米、年生长量 1.7 万立方米,森林覆盖率达到了 79.7%,职工有 600 多人。申甘林带是民权林场植树造林最亮眼的成绩单,它西起民权县程庄镇申集村,东至城关镇甘庄村,东西长 24 千米,南北宽 2~3千米,是一条'绿色长城'。"林场工作人员赵海霞边介绍边带笔者造访了林带中的刺槐林、杨树林、苦楝林等多个林区。赵海霞正是许多"林三代"中的一员,"从小就跟着爷爷、爸爸在林子里种树,他们忙活我就跑着玩儿。"如果不是有她做向导,在这片原始森林般的林间迷路简直是一定的。

据赵海霞介绍,5 月 3 日,为期一周的民权第二届槐花节刚在这片枝繁叶茂的林区落下帷幕。从活力四射的"彩虹跑",到结合地方特色的槐花采摘、名优小吃一条街、红酒品鉴大会,再到得天独厚的吊床休憩、垂钓比赛、农副产品特产展示,以及充满文化馨香的青少年书画大赛展、虎文化书画展、"何处心安·美丽民权"经典诗歌诵读大会,申甘林带在向游客、市民展现着它宽广的绿色怀抱的同时,也向世人描绘着今天多姿多彩的民权。

当年,为了生存,民权人开始了漫漫植树之路,如今,对生活品质的追求让民权更爱这片绿,更要护好、发展好这片绿。正如民权县委书记姬脉常所说,近年来,民权县始终坚持农业固本、工业强县、生态惠民的可持续发展思路,充分发挥得天独厚的生态资源优势,不断顺应人民群众对美好生活的向往,经济建设跃上新台阶,生态文明建设取得丰硕成果。下一步,民权将继续加大林水资源的保护开发力度,深入推进生态民权、健康民权建设,让更多群众共享绿色发展的红利,与绿林清水为伴,与健康快乐同行。

与市民、游客乐享林区带来的闲适生活不同，还有一群人，正在依托林区改变着依旧贫困的生活。

在程庄镇扶贫产业园，笔者看到，遮天蔽日的杨树林下，一排排标准化大棚从林地边缘一直蔓延到望不见尽头的林地深处，大棚内一侧刚刚完成冬菇采摘的菌棒整齐地码放在架子上，另一侧的黑木耳长势喜人，每个棚外都挂有标明项目名称和扶持对象的牌子。

据了解，程庄镇总人口 10.56 万，其中贫困户 2691 户，贫困人口 8644 人。2016 年以来，该镇依托河南天邦农业科技有限公司，将食用菌种植作为贫困户脱贫致富的主导产业，采用"公司+基地+农户"的运营模式，统一建棚、统一供菌棒、统一技术指导、统一收购、统一销售。

该产业园建立时，签约的贫困户每户可以申请扶贫资金 7000 元，入股到公司，目前按照 2:8 的公司和农户收益比例进行分红。贫困户既可以选择自己种植，也可以返租给公司，并可在园区务工挣钱，目前，约有 400 名贫困户在园区务工，年保底工资为 1.2 万元。而对于老弱病残等无劳动能力的贫困户，公司则代为种植，并每年给予每户 1500 元的租金，使贫困户"零风险"脱贫。

"你看到的这片林地是 400 亩，有差不多 2000 个棚，两个贫困户一个棚，种的是冬菇和木耳。那边还有 600 亩林地，种的都是夏菇。"园区工作人员介绍说，"现在香菇能卖到 6 元钱 1 斤，每个菌棒上能出 2.0~2.5 斤菇。销路很好，基本这边鲜菇摘下来就直接运到南方了。"

据统计，目前程庄镇扶贫产业园已通过种植食用菌，辐射带动该镇 13 个贫困村 2752 户贫困户及周边 3 个乡镇 4 个贫困村 1173 户贫困户实现了脱贫。

"树林为林下种植提供了天然条件,林下种植也对林木有回报啊!去年这些树才这么粗,你看现在才过一年多,就这么粗了!"该工作人员边说边比画着。原来,种植食用菌需要空气湿度较大,因此相对频繁的注水浇水也给树木提供了充足的水分,同时,使用过的废旧菌棒还是很好的天然肥料,施给树木后,水肥充足的树木当然长得又快又好,是真正的林上、林下双赢。

除了种植食用菌,当地政府这几年还和林场开展多项合作,积极推广林下种植葡萄、中药、花木,发展养蜂酿蜜、果园采摘等多种形式的林下种植,让这片矗立在黄河故道里餐风吸露 60 余载的绿色英雄们,不仅为民权人民防住了风、固下了沙、护卫了良田,如今又为改善民权人的生活环境与质量贡献着源源不断的力量。

生存不是问题了,生活开始向好了,新的历史时期,生态文明建设的浪潮又让民权林场扛起了新的使命。

(三)为了生态,继续植树

2018 年 1 月,全国林业改革,民权林场更名为国有商丘市民权林场,并获批成为全供型事业单位。从此,林场职工不必再为吃饭担忧,"辞去"为林场职工养家糊口任务的林木们也肩负起了更本质的工作——提供生态服务。

"不用为吃饭操心了,种起树来就没有后顾之忧啦!"已经在家安度晚年的佟超然为新一辈的植树人能有如此的工作环境感到欣慰,"这是托国家重视生态的福啊!"

党的十八大以来,林场开始逐步转变经营理念,调整经营方式,持续压缩木材生产量,同时加大生态建设和生态修复力度,大力调整树种结构,把原来以生产木材为主的杨树、泡桐逐步更换成优质乡土树种和观赏性较高的珍稀名贵树种，如银杏、美国红枫、苦楝、紫荆、杜仲、皂荚、榆树、椿树、大叶女贞、百日红、千层木槿等。目前，民权林场已建成各类生态纪念林 7 处，国家种质基因库 3 处。

2015 年，申甘林带被国家林业局批准为国家生态公园，又获评"中国森林体验基地"称号。申甘林带的绿色效应不断惠及周边，民权已成为令全国艳羡的"中国长寿之乡""中国健康小城"。

当民权县委、县政府提出黄河故道生态走廊建设构想，明确"一廊连两园、一线牵多点、一带连全境"的大格局时，申甘林带责无旁贷地挑起了重任。当林带如绵长的绿色丝带串起明珠般的鲲鹏湖、秋水湖、龙泽湖时，故道昔日的萧瑟早已难觅踪影，黄沙间崛起的"绿色长城"温柔地变身为连接湿地公园和生态公园的"绿色廊道"。

绿色林区

　　下一步,如何利用好申甘林带国家生态公园这个平台,打造融旅游、休闲、度假、科普于一体的国家级森林公园,为社会提供更好的生态服务,是摆在民权人面前的新任务,也是驱动民权全面发展的新引擎。

　　"听说县里计划沿黄河故道两侧再造 3.6 万亩的生态林带。"佟超然充满期待地说。这场故道黄沙间的接力远没有结束,如今,新的动力又将开启新的绿色征程。

四、任庄蝶变三部曲

粉墙黛瓦,小桥流水,丝竹悠扬,一队佳丽撑着红绸伞在柳枝掩映间袅娜而来……

看到这些画面,人们的第一感觉一定是江南水乡。然而,笔者看到这些的时候并不在江南,而在厚重的中原黄土地,在广阔的豫东大平原上。

这里是河南省商丘市民权县绿洲街道办事处任庄村。一个中原小村,何以会有浓浓的江南水乡之韵?

(一)环境之变:一库清水万亩荷

民权县城东北约 2 千米便是任庄,但该县水利局的同志并未带我们直接进村,而是继续前行,沿村后宽阔的水域绕行一周。

"这是任庄水库,水面约 1.47 万亩。黄河在铜瓦厢决口改道后,给民权留下 50 多千米黄河故道,依托故道建成了 3 座梯级水库,任庄水库便是第一座。"该县水利局副主任科员谢峰这样介绍。

黄河改道后,当地风沙盐碱化十分严重,坐落在故道南岸大堤下的任庄,更是深受风沙盐碱之苦,"一场风沙起,遍地一扫光""一碗饭、半碗沙"便是当时的真实写照。

为改善生存环境,20 世纪 50 年代以来,民权人民不懈努力,沿黄河故道建成一道长 20 余千米、宽 2~4 千米的申甘林带;黄河故道上的 3 座水库也相继建成投用,总水面近 10 万亩;近年来该县还加大投资力度,对黄河故道进行整体规划、建设,使民权黄河故道走上生态环境优化、提升之路,并于2014年9月获评国家级水利风景区。

商丘市水利风景区建设与管理领导小组办公室主任郑爱群说:"人们都说江南'三秋桂子,十里荷花',现在这里是万亩荷花十里飘香。还有大批鸟类在这儿栖息、繁衍,其中青头潜鸭58只,这种鸟全球只有500只左右。"

随着黄河故道生态的美丽绽放,任庄也逐步走出风沙盐碱的阴霾,拥有了一库清水、万亩荷花、鸥鸟翔集的亮丽背景。该村支部书记高清旭说:"任庄水库越来越美,节假日来玩的人很多。我们就想着,要是能把这好生态变成效益,带动全村致富就更好了。"

(二)村容之变:捧出一个生态水乡

走在任庄街里,路南是一条弯弯的小河,河边垂柳依依,水中残荷照影;路北堤坡上排列着干净整洁的徽派小楼,在白色外墙的映衬下,楼上"南岸渔村""船头鱼"等红、蓝招牌格外醒目。

绿洲街道办事处党工委书记李吉安告诉我们,2014年以来,民权县提出沿黄河故道打造国家森林公园、国家级湿地公园、黄河故道生态廊道"两园一廊"发展思路,办事处抓住契机,在辖区沿线规划了"一条龙"旅游观光服务带。"任庄为'龙身',重点是结合水库美景,打造农家乐十里长街。"

根据规划,从2015年开始,绿洲街道办事处和任庄村以改善基础设施为重点,通过政府投资、招商引资和群众自筹资金等方式,展开"水美任庄"建设。仅两年时间,便完成村庄改造和重建,全部实现通自来水、通柏油路、通电话、通互联网等,村内停车场可同时停放汽车 300 余辆。

生态是贯穿任庄建设的重要理念。水美乡村开建后,原有鱼塘、藕池进一步规整,区域内的主要道路、水系等地段全部绿化美化,并相继建成月季坡、竹林园、杏花路、情侣岛、天鹅湖、黄河之光喷泉等一批生态景点,村前还开挖了生态景观河、种植了莲藕。高清旭说:"夏天、秋天的时候,可以乘船在河里看荷花、采莲蓬。"

景观河边,每隔约 50 米就有一只绿色带盖的垃圾桶。高清旭告诉我们,村里建了垃圾中转站,设有固定垃圾存放点,并有专人收集、运输,确保日产日清、主要干道"一日三清"。"日常化的清洁管理也减少了河塘水面垃圾,保持了河水长年清澈。"

笔者还了解到,在这个不足 700 人的小村子里,竟还有一座污水处理厂。原来,为避免废水污染水体,农家乐十里长街启动之前,该村便筹资 120 万元,建起商丘市第一座村级污水处理厂,每日可处理 5000 人的生活用水。经商丘市水文监测站检验,处理后的水可达到国家Ⅲ类水质标准。

"美嘞很! 推荐您一定去看看,咱商丘有个'小江南'!"如今,处于河湖水库拥抱中的任庄不仅成功摘得河南省"水美乡村"称号,成为豫东平原上的亮丽水乡,更成为一处集亲水、度假、采摘、垂钓等于一体的生态旅游热点。

(三)生活之变:好生态也能当饭吃

"大家跟上,不要掉队啊。"在任庄村里,一支打着 ART-BOY 旗子的队伍从身旁经过。经询问得知,这是来自民权县城的一个少年艺术创作团体。

　　该县副县长张士彬说："任庄的交通很便利，东临 324 国道；从县城到这儿步行也就半个小时；县城每天有 35 趟高铁停站，坐高铁到郑州只需要 39 分钟。"

　　优越的地理位置和交通条件，为"水乡任庄"带来源源不断的客源。用高清旭的话说，"一到星期天、节假日，来看水的、画画的，艺校来练琴的，武校来练武的，人特别多。春夏秋 3 季，每个月得有 1 万多人。"

　　高昂的人气打开了火红的生态旅游服务之门。有条件的家庭开起农家餐馆、宾馆，以野菜、申甘林带柴鸡、柴鸡蛋、黄河鲤鱼、莲藕、螃蟹等为主要品牌，让游客"吃农家饭、住农家屋、做农家活、看农家景"，享受到浓浓的水乡农家风情。还有的开起旅游特产店，进行本地土特产加工、销售，村里的特色生态种植、水产养殖也分别发展到 300 亩和 500 亩，进一步拉长了旅游产业链条，丰富了村民收入。

　　据统计，目前该村从事餐饮、住宿、旅游服务业的家庭达一半以上。2016 年年底，全村人均收入达到 9805 元，2017 年人均收入实现 12190 元。

　　"加快脱贫致富，不能让一个人掉队。"在发展乡村旅游服务、呵护村庄美丽生态的过程中，绿洲街道办事处和任庄村一方面引导农家餐馆、宾馆吸纳贫困人员打工就业，另一方面还积极为贫困群众创造就业岗位。

　　"村里设置了 22 个清洁员，都是贫困户，每个月 300 元。还设置了小吃一条街，一共 200 个摊位，也都是贫困人口在经营。"高清旭这样说。

　　任庄生态游也为周边群众带来新的收获。在游乐场边卖糖葫芦的李孝孟老人来自王桥乡大凡村，他告诉笔者："这儿人多,卖得快,天天没掉(剩)下过!"

笔者离开任庄时,该村莲花广场、景观湖、三桥拱月等"水乡任庄"提升工程正在火热建设中,不知这"庄生梦蝶"之地的小村庄,在实现了环境、村容、生活三步跨越后,又将迎来什么样的新蝶变呢?

五、伊洛河:捧出新时代"河图洛书"

"河出图,洛出书,圣人则之"。作为河洛文化的滥觞、中华文明的源头,河图洛书一直是河南洛阳的传奇。如今,听说穿洛阳而过的伊河、洛河又出现了新的"河图洛书",究竟是怎么回事?

(一)让伊洛二河在洛阳握手

3月下旬,洛阳市洛龙区草店村附近,7只"海豚跃水"造型的坝墩与橡胶坝伸开臂膀揽住伊河,铺开一泓秀水。

"这是伊河东湖,是洛阳市'两湖一河'工程的重要组成部分。"洛阳水生态投资开发有限公司伊河项目负责人孙辉这样告诉我们。

洛阳富水,仅穿城而过的就有洛、伊、瀍、涧4条河流,然而由于多种原因,该市在水资源配置、水系建设与历史文化融合、水生态环境提升、市民近水亲水需求等方面仍有不少短板。

时间来到2013年。这年7月,全国首批水生态文明城市建设试点启动,洛阳榜上有名。根据实施方案,该市水生态文明画卷包括水资源管理、水生态建设、水环境治理、水安全保障等6大体系、80余个项目。其中,"两湖一河"即伊河东湖、洛河东湖、伊洛运河工程,便是维护水生态、配置水资源的重中之重。

"两个东湖,是对伊河、洛河疏浚整治,建设拦河坝,通过立坝蓄水、河道回水,形成湖面。"洛阳水生态投资开发有限

221

公司综合服务部部长罗林介绍说，"伊洛运河是两湖之间的连通工程，长约 5 千米，与两湖间设置闸门，进行连接和调控。"

笔者了解到，伊河、洛河分别源出陕西洛南、河南栾川，一路蜿蜒而行，经洛阳、过偃师，直到巩义境内方汇流一体，后入黄河。而"两湖一河"工程完成后，这两条在洛阳境内遥遥相望千年的河流将实现历史性的握手！

（二）为了明天向前冲

"这个坝从 2015 年 4 月开始建，到当年 12 月 31 日完工，天天三班倒，下雨的时候就支起钢结构大棚，在棚底下干活。现在想想，那半年多都不知道是咋过来的。"谈起洛河东湖的建设历程，洛阳水利工程局有限公司洛河东段治理工程气盾坝项目经理赵辉亮至今仍不住感慨。

"两湖一河"工程建设的最大难点是工期紧。两个东湖的立坝期限先是从 2016 年 4 月提至 2016 年春节，后又提到 2015 年年底，压缩工期达 4 个月之久，期间还跨着汛期，施工压力可想而知。

对该市砂石管理处副处长马俊峰来说，最头疼的是两湖河道内分布的 27 个大中型采砂场。这是工程建设的"咽喉"，如果不能及时清理，就无法顺利施工。

"这还不只是个连通工程，更是一个调节工程，得保证伊河、洛河能够相互补水，所以坝型选择也是个难题。"赵辉亮说，两湖建设之前，洛阳境内的拦河坝全部为橡胶坝，但因两湖之间存在高差、橡胶坝蓄水高度又受限制，若同时采用橡胶坝则难以满足回水、连通和调节的需要。经过论证，洛河东湖采用了最先进的气盾坝技术，工程规模也创下国内最高、亚洲最长、截水断面面积世界最大3项纪录，从前期施工直到设备安装，每步都经历了严峻的考验。

本以为伊河东湖橡胶坝施工会轻车熟路，不料也遇"拦路虎"。坝基开挖时，河床底部涌出大量地下水和淤泥，"和稀泥"的状态一度让工程停滞不前。后通过高压喷浆、"抛石挤淤"等办法，总算解决了难题。

三班倒、24小时工作制、跟踪监督、风雨无阻……这些都是工程建设期间的"关键词"，也是参建人员的常态。赵辉亮说："公司里技术水平高的人员全部上了工地，从施工开始就没放一天假，有病也坚持着，一连几个月都不见家人一面，只是在八月十五日那晚，公司组织家属和孩子们来工地慰问，和参建人员一起包了顿饺子。"

其他各方也是全力以赴往前冲。市水务局的两个副局长轮班驻守工地；设计代表天天盯在现场；监理工程师更是24小时随时跟踪；拆迁人员还当起砂石及设备推销员。统筹负责两湖项目建设管理的刘红森是洛阳水生态投资开发有限公司副总经理，由于长时间超负荷工作，两湖一立坝蓄水，他便突发急性心肌梗死进了医院，刚抢救苏醒的他，第一句话就问工地的进展情况，在病房的同志听后，一个个都掩面痛哭。

宁让汗水流成河，不让工期往后拖。在参建人员的心血与汗水里，伊河东湖、洛河东湖按时蓄水，后期绿化随之铺开，伊洛运河也顺利完成开挖任务。据统计，"两湖一河"工程完成后，累计回水长度14.55千米，可形成水面1万亩，蓄水量达2200余万立方米，相当于一座中型水库的库容。

（三）"河图洛书"出水来

城如棋，水如子，一子落而满盘活，一水动而百业兴。水，捧出了新时代的"河图洛书"。

洛阳是个重工业城市，新中国成立后，城市建设先是避开老城建工业区，后跨过洛河建新区，随着"两湖一河"工程实施，现已跨过伊河建伊滨区，城市框架追着水的脚步不断拉伸，城市形象也逐步实现了"千年帝都""牡丹花城"与"水系为韵、生态洛阳"的融合与提升，进入历史文化、牡丹文化与水文化相得益彰的发展新阶段。

水清、流畅、岸绿、景美，在河道治理、两湖蓄水、岸线绿化协力推动下，伊河、洛河沿岸美丽蝶变，不仅成为市民休闲、娱乐的好去处，而且成为投资、宜居的"风向标"。采风中笔者看到，碧桂园、恒大等巨头房企纷纷抢滩伊洛之滨。其中，洛水左岸的恒大绿洲三期楼盘已全部销售一空，现入住人口达8万人，成为洛阳新兴的最大的社区。

"俺家的压水井能压出水啦!"这是洛河东湖附近河头村、枣园村、西石桥村传来的好消息。赵辉亮说，以前这些村的压水井都没水了，河道蓄水后，周边地下水得到了有效补给。

看山、看寺、看佛、看花是洛阳的传统旅游项目，如今，随着伊河东湖、洛河东湖、洛浦公园等靓丽水景不断涌现，该市旅游资源进一步丰富，凝聚起新的旅游人气。

更为难得的是，"两湖一河"工程建设不仅促成了伊洛"握手"，而且通过气盾坝、拦河坝调节，还可使伊洛相互"交流"，实现蓄丰调枯、抗旱除涝和水资源科学调配，成为拉动区域经济社会发展的新引擎。

"于是背下陵高，足往心留"。采风结束离开洛阳时，笔者心里竟不由生发出与《洛神赋》中同样的不舍之情。所不同的是，曹植是因为洛神，而笔者则是因为这生机盎然的新时代的"河图洛书"！

六、用美丽"点燃"发展之路

——河南省故县西子湖水利风景区探访

"15天！这条路只用15天就修好了，故东村从此向游客打开。可以说，这个村子的打开，完全得益于西子湖的美！"

日前，笔者来到河南省洛阳市洛宁县故县西子湖畔，在一条宽约3米的水泥路前，洛河明珠旅游开发有限公司副总经理孔胜利这样介绍。

这条路是通往洛宁县下峪镇故东村的。西子湖蓄水前，下峪、故县两镇隔洛河相望，故东人通过摆渡可到达故县镇，继而远行；蓄水后，渡船停运，故东村的出路便只剩一条，村民要走几十里山路才能到县城去，而进来的人几乎就没有了。故东村，成了一个"难出不进"的封闭村落。

"这条路是去年才修好的。来西子湖的游客，可以乘游船到这儿，然后步行十几分钟进村参观。村子里有处千年景观，你们肯定没有见过！"路上，孔胜利给我们卖了个关子。

（一）故县西子初长成

西子湖是黄河十大支流之一洛河上故县水库的别称。关于"西子湖"名字的由来，孔胜利说："传说西施曾隐居于此，此外还有一个重要原因，就是这儿环境优美、景色秀丽，像西子一样漂亮。"

故县水库自1958年开始施工，期间经"四上三下"，至1993年方才告竣，从此结束了"洛水流殇，洪魔肆狂，民众凄凉"的历史,成为一处以防洪为主,兼具灌溉、发电、工业供水等功能的综合水利枢纽。枢纽建成后,大坝上游形成长 35 千米、库容 11.75 亿立方米的高峡平湖,周边环境渐次变美,为旅游开发提供了良好生态条件。

孔胜利告诉我们,故县水利枢纽管理局于 2007 年注册成立了旅游公司,初衷是抢先树起旅游的大旗,以免群众抢占、分割生态资源,破坏水质和环境。所以,景区定位主要以休闲度假为主,重在精品、小众、惬意,让游客享受简单慢生活。"最重要的是'保护生态不受损失',因为没有什么比这一库清水更值钱的。"

在保护性利用的大前提下,2008 年,西子湖风景区揭开面纱,开始向游人绽露芳容。

(二)碧水青山展画屏

西子湖真像西子一样美吗?她到底美在哪儿?

我们随工作人员登上快艇,随着螺旋桨哗哗转动,小艇拖着白色的波浪疾驰而去。向前望,西子湖烟波浩渺,一片蔚蓝,几只水鸟从远处飞掠而过,更显水面辽远开阔,仿佛置身大海一般,令人心旷神怡——难怪山西一家旅行社会打出"到故县去看'海'"的旅游海报呢!孔胜利说,西子湖有"豫西小三峡""北国漓江"之誉,湖水常年保持 Ⅱ 类水质标准。"曾经有个游客用空瓶子灌了一瓶水,和矿泉水放在一起,连他自己都区分不出来了。"

景区内,无论路旁、水畔、山坡,放眼望去满目翠绿,很多树上挂有写着树名和简介的小牌子,给人以贴心的温暖。枢纽管理局办公室副主任关永升说,景区的绿化美化品种有石楠、蔷薇、牡丹等几十种。"樱花和西府海棠盛开的时候,满树花朵,看上去非常壮观、漂亮,每到"五一",整个故县都洋溢着槐花的香气。冬天还有蜡梅,红梅、绿梅都有。"据了解,景区除山上自然生长的植被外,坝区还完成人工绿化11万平方米,栽植花木10万余株,绿地率达52%,花香与绿意一年四季沁人心脾、赏心悦目。

2009年,西子湖以其美丽生态被评为河南省"十大美湖";2011年光荣晋升为国家级水利风景区。孔胜利却说:"如果单讲山水绿化,各地大同小异。西子湖还有另外一个特点,那就是山水间蕴含的文化。"

洛阳东北孟津县境内的黄河与洛阳西部洛宁县的洛河,便是传说中"河出图,洛出书"之处,河图洛书历来被认为是河洛文化的滥觞,是华夏文化的源头,2014年该传说还入选了国家非物质文化遗产名录;八仙之一的吕洞宾曾修道于洛河上游终南山,并在洛宁县龙泉观点化道人马德超祖师得道升天;商圣范蠡与西施也曾隐居于此,直到现在,附近还有范里镇和西施村;抗日战争时期,现西子湖十八盘一带发生过极为惨烈的阻击战;景区内还有将军石、莲花台、龙泉观、神禹导洛处、千年姊妹银杏树等。所有这些,无不令人遐想联翩,为西子湖这方碧水青山增添了厚重的底蕴。

正如孔胜利所说:"这么短的一段河流,能够汇集黄河文化、洛河文化、红色文化、道家文化和传说故事于一身,还有如此美丽的生态,洛河是唯一,值得一游!"

(三)凭借好风谋发展

绿水青山也是金山银山。遵循保护性利用原则,枢纽管理局打出了生态旅游、饮用水养殖、户外拓展三张牌,不仅为游客捧出了令人沉醉的美景、美味,提供了熔铸团队、飞扬激情的场所,还开辟了新的发展之路。

"白玉兰开花的时候,第一个团就要来了。"谈到旅游,关永升很有经验地说,从 3 月开始,西子湖一年的生态游便开始了。游客们可以在景区自由漫步、放松休闲,享受美好生态,净化心神与肺腑,体验难得的慢生活节奏。"2010 年以来,游客还可以进行坝区游览、水上观光、休闲垂钓等。"接待游客的间隙,孔胜利这样告诉笔者。

在紧靠水库大坝的上游,漂浮着一些蓝色网箱。枢纽管理局办公室工作人员程广明说:"那是我们水产公司的一个养殖场。"2002 年以来,利用西子湖水质达到饮用水标准的禀赋,该公司实行生态养殖和规模控制两手抓,发展经济与保护生态双腿走,开发养殖鱼类新品种十多个。其中,冷水鱼类三文鱼开创了中原养殖和水库养殖的先河,并通过国家无公害农产品认证,荣获第八届中国国际农产品交易会金奖;鳙鱼和鲢鱼两个品种通过国家有机认证。程广明自豪地说:"目前,我们有 3 个生态养殖基地,年产绿色水产品数万吨,深受市场欢迎。"

采风期间,我们还巧遇一支 50 多人的拓展团队。当笔者提到"巧遇"一事时,孔胜利笑着说,这里有河南省最大、全国一流的拓展培训基地,并有良好的口碑。"这一方面得益于美丽的生态环境,另一方面得益于公司提供的优质服务。"他至今记得,一次户外拓展翻越毕业墙时,大雨如注,为保证队员安全,景区工作人员始终站在大雨中守护,还把干毛巾揣在怀里,每换一名队员,就拿出一块系在他们的手腕上,以免湿滑出现意外。进行毕业总结时,提到这件事,很多队员当场就哭了。据统计,景区目前已累计接待百余家单位的拓展培训团队达上万人次,拓展培训收入占每年全部旅游收入的80%以上。

西子湖,不仅以其美丽生态装扮了"钢铁"大坝,还为枢纽管理与发展事业注入了新的活力。

(四)千年古窑焕新生

沿着新修的水泥路向故东村去,右边,是深入山沟的娴静湖水,左边,油菜花顶起一片片金黄,核桃、皂角和一些叫不上名字的树站满了山坡。

孔胜利捡起路旁核桃树落下的花蕊,捋去上面的绒毛说:"故东村向游客打开后,挖野菜成了群众的一份儿收入。这个也是一道野菜。"

笔者想起登岸时,一船游客围在一个村妇旁边,一篮子野蒜、五叶芽、蒲公英等转眼便被抢购而空。作为山中珍品,新鲜的野生羊肚菌更是卖到3元一朵。

一进村子,迎面是一处沿沟崖开凿的地坑窑院,整个院子靠山面水,三面崖壁上排列着主副五孔窑洞,院内树木参天,树上还挂着红红的灯笼,那份沧桑古朴一下子就抓住了我们的目光。孔胜利说:"这儿只是起点,往里走还有上百孔古窑洞,当地称为'千年古窑',绝大部分废弃了,本来已成一片废墟,现在可是西子湖游客必来参观的一处景点。"

千年古窑群集中在故东村骇鸦沟。2016年,旅游公司抱着共赢的想法,就骇鸦沟景点开发与当地协商,并提出了开通道路、修整古窑、设立围栏等思路。没想到,下峪镇和故东村领导当即拍板,仅用15天时间,便完成了村子到湖边2千米硬化路和骇鸦沟石子路铺设、沟崖两侧原生态木围栏设立、部分窑洞"修旧如旧"整理、设立简介牌、挂置红灯笼等工作。旅游公司也如约兑现了"带游客进村"的承诺。

故东村地坑窑院

故东村打开后，一时间变身西子湖免费旅游的新热点，并吸引了大批写生爱好者，成为河南省有名的写生摄影基地。随着来人增多，村民建起了农家乐、小旅馆，利用农闲时间到山上挖野菜。这里还成功举办了油菜花节和"下峪写意——首届下峪艺术节"，持续 1 个月的油菜花海吸引了大量客流，艺术节开幕当天就笑迎 3000 多人。游客的到来，不仅丰富了村民的钱袋，还带来了难得的人气、城市的气息和外界的资讯，促进了整个村子有形和无形的发展。

有人说，是一条路"点燃"了故东村。孔胜利却说："路只是一条引线，真正'点燃'故东村的，是西子湖的美！"

七、青天河的绽放之旅

一阵不疾不徐的秋雨忽然飘落，于是青天河的山山水水披上了薄纱般的水气，显得愈发娇媚而秀丽。浓密的树荫为游人遮挡了雨滴，不需撑伞，漫步在天然氧吧里，看身旁红荷绽放、绿苇依依，一阵秋风吹过，水气簇拥着凉意扑面而来，让人顿觉神清气爽。

青天河风景如画

雨滴落在如镜的大泉湖水面，激起片片涟漪，不知藏埋在水下的三姑泉是否会给予同样的回应。

雨中的青天河景区别有一番韵味，一如她四季不同、变幻多姿的各种美景——春日古丹碧水、山花烂漫，夏秋苇浪翻波、红叶漫天,冬寒雾凇冰挂、群鸟嬉戏,处处尽显生态之美。

(一)这里,原本只是一座水库

曾几何时,这里只是一个极不显眼的小山村,时有的丹河水患伴着无常的干旱,让人们过着穷苦的日子。

为彻底解决当地的用水问题,1966年,青天河水库建设在隆隆炮声中拉开了大幕。这场漫长而艰苦的战斗一直持续到1983年。

17年的奋斗与努力,换来的是一座集防洪、灌溉、水力发电、供水于一体的中型水库。这座雄踞两山深谷间、与山峦奇峰浑然一体的大坝与厂房,圆了多少博爱人远离丹河水患、安居乐业的梦。

(二)这里,有青山和绿水

水的问题解决了,水的文章也开始一笔笔被书写出来。

随着时代的发展和社会的进步,水利工程的文化内涵和价值功能,逐步由以除害兴利、保障生存和发展为主,向同时满足人们物质文化需求等综合服务功能转变。水利风景区便是水资源综合利用、水利转型发展和水利格局形成的必然产物。

在全国已有700余家国家水利风景区的今天,回望青天河景区的发展史,当地政府与水库管理部门的眼光不可谓不高瞻远瞩——早在2003年,青天河景区已成功获评国家水利风景区。

昔日交通不便、水患频仍、靠天吃饭的小山村,如何凭借一池碧水孕育出国家级水利风景区?这座规模并不大的中型水库如何拿下5A级旅游景区的金字招牌?一片景区又如何带动当地及周边群众走上致富道路？随着秋雨初歇，问题的答案在青天河景区的山山水水间被逐一找到。

车行至高速公路下站口，青天河景区的标牌便跃入眼帘，顺着指示，笔者毫不费力地来到了景区入口。回望一路曲折的山路，不禁令人慨叹，如果没有这条路，需要多少时日才能走进这深深的大山之中，这山中的居民去到外边的世界又该有多难。再美的景致，没有路，都只能是深海遗珠。所以，在青天河景区的发展史上，无论是 1984—1991 年的起步阶段，还是1992—2000 年的建设阶段，以及 2001 年至今的发展与转型阶段，道路交通问题始终摆在重要位置。当年，为创 4A 级旅游景区和国家水利风景区，景区管理部门先后投资 6000 万元，按国家山区二级公路标准完成了博晋路 36 千米、博晋路至景区26 千米旅游专用道路的修筑工作。如今，这条公路在精心的养护下，依旧承担着输送八方宾客的任务。

步入景区，绿树掩映，鸟语花香，一棵东汉古槐静立于游客综合服务区——像一位睿智的老人默默凝望着喧闹的现代文明。乘电瓶车顺路而下，几分钟便可抵达坝前的乘船码头。路两侧粗壮的白杨树与其他树木错落辉映。

环境如此优美的景区其实并非天然"美女"。早在 1988年，博爱县人民政府便向焦作市人民政府请示，将青天河景区列为省级风景名胜区。当年 8 月，河南省级风景名胜区评议组对青天河进行了查勘评议，结果，评议组认为：青天河景区水资源较为丰富，大泉湖水面平静，适合开展水上旅游活动；景区地势险要，为古代通晋要道及古战场遗址，可做避暑疗养之地；鉴于景区缺少大树，绿化覆盖率低，影响了景区的优美程度，暂定为市级较妥，待绿化等条件具备后，再报省级风景区。

吃了绿化的"亏",当时青天河景区的管理部门——青天河水库水电管理处立即开始采取措施,大力发动群众开展植树造林活动,通过每人每年栽活 10 棵树的办法,加快绿化工作。两年的时间,景区绿化面积已达 600 余亩,有各种风景树 5 万余棵、各种果树 30 多亩 1500 余棵、花草 60 多种 2000 余株,树木花草连成片的景色自那时起便一直延续并发展至今。

吃过绿化的"亏",青天河景区的管理者便再也没有停下绿化工作的脚步。如今,景区内油松、侧柏、椿树、柿子树、核桃树、山楂树等乔木树种,山皂角、黄荆、黄栌、照山白、绒线菊等灌木,白草、二月兰等草本植物正在青天河这一方水土上餐风吸露,装扮着这里的山山水水,营造出了森林覆盖率 90% 以上的天然氧吧。

有了青山,还要绿水。

水是青天河景区的灵魂所在,而这灵魂又将精华都留给了大泉湖。

大泉湖长 7.5 千米,宽近 100 米,水深 60 余米,峡谷一线青天,烟波浩渺,既有一川碧水之灵秀,又具幽谷深峡之奇观,两岸林泉之美、峰峦之秀、洞壑之深、烟霞之胜令人称奇。为保护好这一池碧水,保护好景区的灵魂,景区管理部门专门制定了严格的《大泉湖污染管理制度》。"航运班在打扫游船卫生时,要打扫干净后再拖洗,禁止把拖把伸入湖中或在湖中冲洗,以避免将垃圾冲入湖内。""禁止向湖内排放不清洁的废水,维修船舶后的残油废油、油污水、油布等必须回收定点存放。""导游员在导游过程中,向游客做好环保宣传,提醒游客不要向水面投掷垃圾、废弃物。""禁止在大泉湖周围从事炸鱼、毒鱼、开山炸石、施工、排污等一切污染水库的活动。""定期邀请环保部门监测水质,发现问题及时解决。""各单位和个人都有权力和义务监督、制止污染大泉湖的行为。"一款款详细、具体的条目,将大泉湖如眼睛般保护了起来。

据了解,大泉湖中除丹河来水外,2/3 的水量来源于三姑泉。三姑泉泉口直径 2.18 米,呈喇叭形状,常年涌水流量 4~8 立方米每秒。据专家多年跟踪检测,泉水中含多种人体所需矿物质和微量元素,属优质锶型天然矿泉水。保护好三姑泉就等于保护好了大泉湖。多年来,大泉湖的水质始终保持着 Ⅰ~Ⅱ 类水质,在社会飞速发展的今天,能有这样一池清水远离工农业及生活污水污染,不受旅游业发展的影响,实属难得,这其中青天河人为之付出的努力,不仅体现在制度上,更体现在实实在在的行动中。

(三)这里,迎来了新的发展

作为最初建设目的单一的水库,青天河景区在发展之初旅游线路相对也很单一,游客只能乘船进入湖区,再乘船原路返回,游览目标仅限于大坝、库区湖面及两侧山峡。

随着旅游业的发展,为顺应市场、拓宽市场,景区管理层将景区规划置于各项工作之前,在整合自然资源的基础上,从可持续发展的角度出发,按照人与自然和谐发展和"源于自然、高于自然"的原则,对景区旅游线路进行了调整与拓展,游览线路由最初的一条发展为多条,由单一的直进直出变成了环线串联或并联起 308 个景点的多点游览格局,使沉睡了几千年的南太行绚丽的红叶和 10 万亩郁郁葱葱的原始森林得以与大坝、高峡、平湖一道呈现在游客面前。

　　线路的拓展催生了更多交通等基础设施建设的投入。景区沿大泉湖西岸建设了全长 10 千米的滨水栈道,开通了靳家岭至佛耳峡的观光索道和游览步道。在以优良生态为根基的观光型景区建设中,管理部门将环境保护放在了首位,如工程开工前严格开展环评工作,各景区主干道、旅游步道均由与景区环境相协调的石板、鹅卵石、青砖铺设而成,观景亭、台、廊及仿树桩的桌、凳也注重与环境相融合等。"有时候为了绕开一棵树,还会将栈道多修一段,保护起树木。"青天河景区管理局副局长齐高杰说。同时,景区内交通工具也均使用无污染的电瓶车。对环境的保护可谓严苛而全面。

　　青天河景区,这座由单一的水利工程裂变为集水利工程、自然景观、人文景观等于一体的复合式、多元化景区逐渐发展、壮大了起来。

　　线路多了,游客多了,餐饮、住宿、娱乐设施自然也要逐步跟上,除宾馆、饭店外,一家家农家乐也在景区内生意兴隆。据青天河管理局局长助理宋庆利介绍,以前景区内靳家岭上有一个自然村,因为身处大山,交通、生活不便,导致村里绝大多数住户外迁。随着青天河景区的发展、游客的增多,商机也越来越多。原先外迁的住户开始回迁,在靳家岭上做起了生意。

　　比靳家岭上的村民受益还要早的要数青天河村的村民。俗话说,靠山吃山,靠水吃水。青天河村村民依托景区客源,发展农家乐,摆脱了以往交通不便、耕地稀少导致的贫穷生活。每到旅游高峰期,客房入住率都在 90% 左右。正在景区某饭店里择韭菜的一位大娘笑说:"我是给侄女打工的。"一头乌黑的头发少见银丝，矍铄的精神让人很难看出她已经年过六旬。"我属大龙的，已经60多岁了，可能因为这里空气好、水好，就显得年轻吧。""这旁边开饭店的人都是我们村的，也都认识，有人说话。"大娘说。

除了依靠自身的发展成效托起了村民们的民生，青天河景区还利用国家投资，积极开展美丽乡村试点项目建设，以"生产发展、生活宽裕、乡风文明、村容整洁、管理民主"等具体要求为目标，为实现青天河村更美好的明天而努力着。

从最初的一座大坝、一片山水，到一个别具特色的风景区，再到集"吃、住、行、游、购、娱"为一体的旅游胜地；从单一拦洪、蓄水灌溉、发电的水利工程，到集水利游、休闲游、生态游、地质科普游、历史文化游于一体的综合型旅游区，青天河景区用30余载的光阴，通过不断完善的景区规划、扎实的基础设施建设与管理、不断调整的营销策略与措施走出了一条水利风景区的发展与强大之路。如今，世界地质公园、国家5A级旅游景区、国家级风景名胜区、国家水利风景区、全国重点文物保护单位、中国青少年科学考察探险基地、太行山国家级猕猴自然保护区、河南省十大旅游热点景区等诸多头衔，已令这片以大坝、水库为根基的景区在旅游业浪潮中站稳了脚跟。

（四）这里，发展从未止步

而此时，转型也正在酝酿中。

凭借丹水绕城、植被丰茂、空气清新等得天独厚的条件，焦作市树立"中国养生地"的发展理念，制订了景城一体、全域旅游的规划。借焦作市建设"中国养生地"的大势，青天河要当好博爱县融入"中国养生地"建设的排头兵。

转型,完成从山水观光向休闲度假游、从门票经济向产业经济、从区域性景区向全国性景区的转变,倾力打造全国知名休闲度假旅游目的地。青天河景区面对的既是机遇也是挑战。

一个个项目快马加鞭。青天河景区内部绿化、涵洞亮化提升、吊桥更新加固和索道改造提升已完成。总投资5.6亿元的综合服务区项目、天河漂流规划与建设项目、靳家岭自行车公园项目、智慧景区建设项目、迎宾馆及休闲度假区项目等正在加紧施工。旅游快速通道、夜游青天河、木屋住宿群建设等一批项目正在谋划中。

一个个活动聚拢人气。连续10年的红叶节,打造了青天河红叶品牌,使旅游旺季延长了一个月时间,人气更足,淡季不淡。"带着微博去青天河""让红包飞""全国百家媒体走进青天河"等活动是景区打造全国首个"互联网+"智慧山水景区的举措,体验式旅游将成为青天河景区吸引游客重游、培育游客"忠诚度"的尝试。而与上海景域集团驴妈妈旅游网等知名旅游电商的合作,更让智慧旅游借助网络"飞"上新的平台,目前博爱县已与同程、携程、驴妈妈等全国96家知名电商开展了合作。

转型与探索中的青天河景区令人充满期待,这个水利风景区中的"老大哥"正以脚踏实地的实践,摸索着水利风景区的绿色发展之路。青天河的山水无法复制,但青天河的发展模式与思路为同质现象严重的水利风景区提供了可供借鉴的宝贵经验。

第八章　山东篇

一、水转"山"也转

——山东省聊城市位山灌区见闻

"以前只想多供水、多浇地、多打粮食，现在我们的目标是建设全国一流的现代化新型生态灌区。"聊城市位山灌区管理处主任李其超用一句话概括了位山灌区改革开放40多年来发生的转变。这转变不仅让位山灌区旧貌换了新颜，也正悄然描绘着灌区明日的新面貌。

（一）从苦日子到甜生活

位山灌区始建于1958年，1960年建成运行，1962年因涝碱停灌，1970年复灌。渠首工程位山引黄闸设计引水流量240立方米每秒，设计灌溉面积540万亩，承担着聊城市东昌府区、开发区、高新区、旅游度假区和东阿县、阳谷县、临清市、冠县、茌平县、高唐县全部或绝大部分耕地灌溉任务，占聊城市耕地总面积的65%。灌区骨干工程主要包括东、西2条输沙渠和2个沉沙区，以及3条干渠，总长274千米，另外还有分干渠53条、支渠393条、各类水工建筑物5000余座，形成了功能完整的灌溉网络体系。

就是在这张灌溉网络的支撑下，50多年间约510亿立方米黄河水让位山灌区昔日寸草难生的盐碱地变身成了吨良田，让曾经靠天吃饭、食不果腹的农民成为万元户，让曾经"越喝越渴"的高氟水被清冽的自来水所取代——灌区的"苦"已在黄河水的涤荡中成了实实在在的"甜"。

"刚改革开放那会,我们这的粮食总产量是 76 万多吨,农民年纯收入也就 70 多元。经过几十年的发展,到 2017 年,粮食总产量达到 370 万吨,农村居民人均可支配收入已经达到 12415 元。"位山灌区管理处办公室主任秦月成说。40 年,5 倍增产、170 倍增收,即使是在干旱频发的不利气候条件下,及时到位的引黄供水依然为聊城市粮食生产连年丰产丰收和农民增收提供着有力的水源保障。

是黄河水的到来,让"先天不足"的位山灌区养活了一方百姓,而这方百姓也在黄河水的助力下,凭借勤劳的双手过上了越来越富足的日子。

(二)从黄沙飞到碧水流

黄河水含沙量高,引黄必引沙。因此,黄河水在造福人民的同时,也给位山灌区带来了大量的泥沙,形成了全国最大的沉沙池区,总泥沙量达 3.6 亿立方米,占地近 5 万亩。曾经,偌大的沉沙池区,黄沙漫漫、寸草难生,沙随风起、无孔不入,给周边村民的生活带来了巨大的困扰。"关上门、闭上窗,不误晚上喝泥汤""一天二两土,白天不够晚上补"就是沉沙池区群众生活的真实写照。

"都是沙土,根本不长庄稼。也没有路,出个门难死了,下雨天压根就出不去。也就是因为生存条件太差了,以前村里的光棍特别多,没有姑娘肯嫁过来啊!"说起这片生态脆弱、生产和生活条件恶劣的沉沙池区,东阿县西程铺村村支书周广霞连连摇头。

西程铺村距离沉沙池仅有 600 多米,可以说是"吃土"最多、最直接的村庄。但也正因为离得近,伴随着沉沙池区的蝶变,如今这里成了最"吃香"的村子。

　　为了彻底改善沉沙池区的生态环境,让池区群众脱贫致富,位山灌区开展了一系列卓有成效的综合治沙斗争:对于达到规划高程的泥沙高地覆淤还耕,原状土盖顶之后配套建设基础设施,逐年还耕于池区群众;有计划地开展防风林、水土保持林等植树绿化项目,建成千亩林带,为沉沙池区防风固沙;2015 年,沉沙池区被列入聊城市扶贫攻坚四大片区之一,依托沉沙池得天独厚的湿地环境条件,2016 年 7 月,统筹水林田湖草系统治理的位山灌区沉沙池旅游扶贫开发项目正式启动,拉开了沉沙池区第一、第二、第三产业深度融合发展的序幕。

　　经过两年多的建设,在如今的沉沙池区,位山湿地公园已开门迎客,静谧的水面上倒映着水车和芦苇,偶有飞鸟掠过惊起片片涟漪,三三两两的游客在蜿蜒的步道上悠闲地欣赏着秋日美景。"我带老人来看看,实景比照片还美!"家住聊城市东昌府区的宋女士驱车 30 余千米来到湿地公园,看着眼前的美景,她表示完全想象不出自己脚下以前竟是黄沙岗。

　　李其超介绍说,沉沙池区主要由东、西两个大的沉沙池组成,现已建设完成东西连渠、交通道路、桥梁等基础设施。东沉沙池由"一湖、一河、一洲、一堤"构成,而"两河、一洲、一堤"则是西沉沙池的组成元素,形成了"一体两翼、东蓬西荷"的组合式双景区结构。今后,沉沙池区还将建设北方水上森林、九堤红河湿地、沉沙池文化中心、蓬湖、清浊自分、双河夹岸、沙地植物种植区等景点,开设各类休闲项目,逐步把沉沙池区打造成融合健康、养生、休闲、娱乐多种功能,集黄河文化、农耕文化、灌溉文化和沉沙池区原生态民俗风情于一体的综合湿地生态旅游区。

"现在西程铺村的环境比城区还好呢,城里人都往我们这来看美景了!以后内容更丰富,还会更好呢!"周广霞说起现在的西程铺村,赞不绝口。不仅环境好了,沉沙池区带动的旅游业也为附近的村民提供了就业机会。"保安、保洁、商贩,大都是我们村的。"周广霞说,"在家门口打工,多好啊!"

通过综合治理,沉沙池区生态环境明显改善,群众生产和生活条件大幅度提高,原来扬沙严重、经济落后的生态脆弱区转变成为生态示范区,成为聊城市一张新的生态旅游名片。

(三)从只浇田到多面手

"我以前向往的就是灌区能堤防完整、道路畅通、启闭灵活、控制自如、管理到位,现在不光这些都实现了,位山灌区还有了许多新的作为!"已经退休的原聊城市水利局局长马爱忠说。

绕过正在弹唱《军中绿花》的老年合唱团,穿过藤蔓缠绕的连廊,来到孩子们戏耍游玩的亲水平台,笔者在景致优美、视野开阔的二干渠城区段的渠堤上和马爱忠聊起了位山灌区的变化。

"二干渠是位山灌区 3 条骨干渠道之一,横穿聊城市区 10 千米。你们看过的沉沙池区只留住黄河水里 40% 的泥沙,剩下的 60% 还是会进入渠道。这就需要我们定期清淤,而清理出来的泥沙就堆在渠两侧。"长期的清淤弃土造成渠道两岸泥沙堆积,高低不平,垃圾遍地,严重影响城市环境和居民生活,成为聊城市创建全国文明城市、卫生城市的治理难点。为了攻克这一难点,位山灌区管理处邀请同济大学进行总体规划,对二干渠城区段进行了综合整治和生态改善,将城区段堤防建设成了以"花堤、翠堤、福堤"为主题,绿茵滴翠、充满水文化气息的城市生态公园。同时,着眼于干渠沿线景观带、观光带、生态带的建设,全面推进干渠沿线树木更新,选择景观树木,提升绿化档次,打造出"一段一特色、一处一景观"的滨水观光带,建成总干渠、一干渠上游堤防绿化景观带,形成了独具灌区特色的集交通、景观于一体的景观廊道。

"环境好了,市民们都喜欢来这里玩儿。我也经常来这里散步,看着灌区如今的变化,总会触景生情。"马爱忠说。

不仅二干渠城区段成为市民休闲娱乐的好去处,位山灌区还依托现有资源打造出了别具特色的水利风景区。以大型水利枢纽工程为基础,位山灌区坚持把水利风景区建设作为生态灌区建设的重要抓手,将维护工程安全、涵养水源、生态保护恢复、改善人居环境、拉动区域经济发展等功能融为一体,建成了一干渠渠首兴隆村水利风景区、二三干渠渠首周店水利风景区、陈口枢纽水利风景区和王堤口渡槽水利风景区,把原来外观粗笨的水利工程改造成了功能完善、环境优美的水利景观。

在周店管理所所在的周店水利风景区,笔者被眼前别致的中式建筑和错落的园林设计所吸引。"管理站房和水工建筑见过不少,这么精致的还是第一次见到呢!"

5月14日,第十二届中美工程技术研讨会'智慧水利'组的中外专家到位山灌区调研'智慧灌区'建设情况时,来的就是咱们周店管理所。"位山灌区管理处副主任席广平自豪地说。

如今的位山灌区不仅有漂亮的外表,还同样有颗"智慧的心"。近年来,位山灌区围绕建设全国一流的现代化新型生态灌区的奋斗目标,全力推进智慧灌区建设,应用大数据、云计算、卫星遥感等信息技术,建成了"智慧灌区 E 平台",实现了"灌区一张图"管理,智慧灌区建设水平达到国内领先,同时也吸引了国外同行的关注。

"就是把各种数据综合到一个平台上,实现数据共享,并通过数据分析,为灌区管理与发展提供技术服务。"位山灌区管理处信息办主任陈文清概括地说。随后她通过手机及大屏幕终端为笔者演示了"智慧灌区 E 平台"的多项功能。

同样在周店管理所,站在三干渠渠首节制闸的管理房中,望着脚下滚滚而去的水流,李其超说:"送往河北省的黄河水就是从这里分流的。"据统计,多年来,位山灌区已累计实施 7 次引黄济津、22 次引黄济冀跨流域调水,为支援天津市和河北省经济社会发展做出了重要贡献。

不仅为天津市和河北省供水,聊城市区的主要河流同样依赖黄河水的补给。近年来,位山灌区注重加大生态补水力度,全面保障徒骇河、马颊河、古运河和东昌湖等聊城市主要水系生态水量,同时充分发挥引黄补源、引黄压碱的作用,维持地下水稳定,持续发挥引黄供水生态效益。在实现聊城市粮食生产连年丰收、稳定安全的同时,保障了聊城市大型骨干企业生产运行和 100 多万居民的生活用水安全,满足了聊城市城市水系生态环境用水需求,为运河古都的城市品牌建设提供了水源支撑。

如今的位山灌区,已形成了以农业供水为主,兼顾工业、城乡生活、生态环境用水需求的多元化供水结构,累计创造经济效益 510 亿元以上,成为全市粮食生产的基础保障、区域经济发展的重要支撑、生态环境保护的重要依托、城乡居民生活用水的重要补充和跨流域调水的重要设施。

人们常说:"山不转水转。"黄河水在这里掉头北上不仅为干渴的土地带来了转机与生机,也让位山灌区完成了一次次华丽的转身。从单一服务农业灌溉,到建设国内一流的现代化新型生态灌区,位山,已经启程。

二、长治久清，"小洞庭"在呼唤

——对山东省东平县实施东平湖
生态治理的调查

转眼又是岁末，山东省东平县人大常委会副主任何振泉还有一件大事悬在心头，那就是东平湖的生态。这不，2016年12月29日，他又迎着寒风来到湖畔，仔细查看养殖区、航道、采砂区的综合整治情况。

东平湖

翻开东平湖近几年的历史：2013年，山东省政协副主席王乃静到东平湖调研水生态治理工程建设情况；2014年，山东省副省长邓向阳、财政部预算司地方处调研员郭建平，先后到东平湖调研生态环境保护工作和生态功能区相关情况；2015年，山东省副省长赵润田到东平湖调研指导；2016年，山东省委副书记龚正实地察看湖区综合治理、生态保护情况……

东平湖，何以让这么多领导挂怀？

（一）一片肩负重任的水域

"东平湖是《水浒传》中八百里水泊的唯一遗存水域,有'小洞庭'的美誉,来旅游的人很多。但它不仅是一处水利风景区,也不仅是水浒文化的一个载体,它还承担着更重要的使命。"东平县委宣传部的工作人员这样说。

东平湖总面积 627 平方千米,常年水面 209 平方千米,蓄水总量 5 亿立方米。1950 年被确定为黄河自然滞洪区,1958 年兴建大型平原蓄滞洪水库,是黄河"上拦下排、两岸分滞"防洪工程体系的重要组成部分。

"主要作用是分滞黄河洪水、调蓄汶河洪水,为当地的工农业发展提供水资源支撑。"据当地河务部门人员介绍,人民治黄以来,由于东平湖的分滞、调蓄作用,确保了黄河下游济南、京沪铁路、胜利油田和沿黄千百万人民群众的生命财产安全,东平湖也被誉为黄河下游防洪的"王牌"。

到过东平湖的人,都会对"东平湖全鱼宴"留下深刻印象。东平县水产局有关人员介绍说:"东平湖是山东省重要的淡水渔业生产基地,也是当地重要的经济支柱。养殖顶峰时,全县水产养殖面积 8.2 万亩,涉渔人口 17.5 万余人。沿湖渔民主要靠水产养殖和大湖捕捞为生。"

进入 21 世纪,随着南水北调东线工程的实施,东平湖又迎来新的使命——作为南水北调东线最后一座蓄水水库和提水站,南来的长江水经泵站逐级提升进入东平湖后,分为两路,一路向北流到天津,另一路送入山东胶东地区。

按照中央要求,南水北调工程必须"先节水后调水、先治污后通水、先环保后用水",水质要稳定达到国家规定的地表水环境质量Ⅲ类水质标准。而根据监测资料,东平湖水体受多种因素影响,一般为Ⅳ～Ⅴ类水质,难以满足调水要求和受水地区生产、生活、生态的需求。

站在新的历史节点上,东平湖,这座承载着厚重水浒文化、黄河下游防洪安全、沿湖渔民生产生活重任的大湖,再次扛起改善生态环境、维护调水安全,确保一泓清水北上、东去的艰巨任务。

(二)万千努力只为一泓清水

根据《山东省南水北调条例》规定:"南水北调工程水质保护实行县级以上人民政府目标责任制和考核评价制度。"

该规定,使东平县人民政府感到了肩头沉甸甸的担子。围绕"一泓清水出平湖"目标,该县整合公安、环保、水产、林业、河务等多方面力量,成立了东平湖管理综合执法局、公安局湖上分局,构建起"属地管理、权责明确、集中执法"的东平湖行政执法体制,展开强有力的综合整治执法行动。

"关闭小淀粉企业607家、山石开采企业76家,拆除抽砂船1500余艘、砂场码头120个;清理取缔畜禽养殖户30余家;拆除养殖网围4万亩、网箱29450架,腾退超养水面2.5万亩,对2000余只渔船进行了低污染排放改造……"2015年,东平县人大常委会组织人员对东平湖水环境综合整治活动进行了调查,给出如此报告。

数字是枯燥的,但在数字背后,却是东平县"壮士断臂"的决心和行动。

"东平县旧县乡是'中国粉条第一乡',地瓜淀粉加工是该乡的主导产业。但为了保证东平湖水质,县委、县政府决定对 600 多家没有治污设施、污染较重的小淀粉加工企业全部实施关停。"东平县环保局法制宣传科科长程广兴说道。

旧县乡地处东平湖畔,自新中国成立初就开始进行地瓜淀粉、粉条加工。1995 年,联合国薯类研究会还在该乡召开了有 20 多个国家和地区参加的薯类加工现场会,授予该乡"中国粉条第一乡"称号。经过几十年发展,该乡的地瓜淀粉加工产业遍及全乡 30 个行政村,共有地瓜淀粉加工企业 700 多家,参与农户达 2600 余户,年加工地瓜 10 亿斤,创产值 4 亿元。

"拆除的时候,当地的机械调不动,就从县里带了铲车去。说实话,执法过程中遇到的阻力特别大。"程广兴如是说。

壮士断臂的决定是痛苦的,因为旧县乡财政收入的 60%、农民人均纯收入的 70% 来自地瓜淀粉、粉条加工。但面对淀粉加工企业排污入湖的问题,政府和执法部门不得不说"不"!

渔业养殖也是东平湖水体污染的一大隐患。一位东平湖旅游船司机说:"我原来也是渔民,在清理养殖网箱、网围活动中被清了,就改了行。"

根据《山东省南水北调条例》规定:禁止在东平湖区进行人工投饵性的网箱养殖、围网养殖,已有设施,应限期拆除。

东平县水产局有关负责人说:"近几年,我们实施了《东平湖渔业生产作业区域规划》《东平湖生态渔业发展规划》《东平湖水域规划》,用 GPS 定位技术划定网养面积,积极腾退超养水面,严格控制养殖规模。截至 2012 年年底,东平湖养殖总量控制在 4 万亩,有效降低了渔业养殖污染负荷。"

山东省水利厅副厅长曹金萍说，东平湖取缔投饵性网箱、网围，仅此一项，将减少直接经济收入5.6亿元。

为提升东平湖生态的自我修复功能，自2005年起，该县还选取滤食性鱼类实施增殖放流活动；近年来，每年实施4个月的禁渔期，禁止一切船只、渔具下湖捕捞。水产工作人员说："实施增殖放流活动10年间，东平县已累计投资2000多万元，投放优质鱼蟹苗种1亿多尾。"

2016年12月，东平县稻屯洼湿地。草木已经枯黄，但依然可以看出黄菖蒲、再力花、美人蕉等植物繁茂生长时的模样。与湿地一路之隔，是净化后汩汩而出的清水；蜿蜒曲折的水道里，还有一簇簇红鲤鱼在自由自在地游弋。

东平县环保局湿地办主任王伟介绍，近年来，该县先后投资1.4亿元，实施了稻屯洼、大汶河、汇河、史楼村、州城街道葛针园村、湖滨带大清河段等人工湿地水质净化工程，并在重点监管企业、污水处理厂、河流断面等建设了自动在线监控系统，实现省、市、县三级联网，24小时实时监控，确保重点污染源达标排放。

"污水先经处理厂处理，再进入湿地进行深度降解净化。经过监测，进出湿地前后，水中的化学需氧量由每升60毫克下降到了20毫克，有时十七八毫克，达到了Ⅲ类水质的标准。"王伟说。

据了解，近年来，该县环保部门还严把项目环保审批关口，凡不符合环保法律法规、国家产业政策、县域规划、排污总量的建设项目一律不批。环保工作人员说："尽管一些效益不错的项目被拒之门外，但是保护了东平湖的生态环境，值！"

2017 年 1 月 8 日,东平湖生态治理再擂战鼓。这一天,东平县委、县政府联合颁发 1 号文件——《集中整治东平湖网箱网围设施工作实施方案》,要求 2017 年,网箱网围养殖面积控制在 2 万亩以内,沿湖乡镇的养殖面积均压缩 1/2,严禁投喂饵料;2018 年,网箱网围养殖全部退出,加大增殖放流力度,推行"人放天养"生态养殖模式,进一步保护和改善东平湖生态环境!

（三）一泓清水出平湖

2013 年 6 月 10—27 日,南水北调东平湖段试通水。据东平县南水北调办公室通报,所调水达到国家Ⅲ类水质标准,这为 2013 年 11 月 15 日东线工程正式通水提供了重要依据。

3 年后的 2016 年 5 月底,来自国家南水北调办公室的消息称,年度调水入山东工作顺利完成,惠及山东人口 4000 万。3 个年度累计调水入山东水量 10.91 亿立方米。特别令人欣慰的是,经环保部监测,水质稳定达标。

经过持续治理,东平湖湿地生态系统进一步完善。至 2016 年,湿地面积扩大到 30 万亩,为 2010 年的 1.5 倍;动植物种类达到 276 类,为 2010 年的 1.6 倍。湿地中,有银杏、水杉、中华结缕草等国家一、二级重点保护植物 6 种,国家一、二级保护鸟类 24 种,受《濒危野生动植物种国际贸易公约》保护的鸟类 29 种。每年,在这里安家的白鹭、鱼鸥、沙鸥、翠鸟、白鹤等达上万只,俨然成了鸟儿栖息、繁衍的天堂。

生态环境的改善,也极大地促进了旅游事业的发展。截至 2016 年,东平湖及周边共打造 4A 级景区 2 个、3A 级景区

11 个;发展乡村旅游示范点 36 个,其中有 2 个村被评为"中国乡村旅游模范村";东平湖被批准为省级生态功能区,滨湖湿地被评为国家湿地公园,东平湖景区被评为国家级水利风景区,并荣获 2013 年'好客山东最佳主题旅游景区'、2014 年'美丽中国'十佳旅游景区称号。

在 2016 年召开的东平县第十七届人民代表大会第五次会议上,县长王骞自豪地说:"5 年来,我们积极谋求方式转变、动力转换,发展的质量、效益稳步提高。这一时期,是全县旅游业由粗放暴发式发展逐步向规范化提质发展的重要时期。"

"东平湖水碧如蓝,我家住湖畔;接天莲叶撑绿伞,鱼米载满船。啊!美丽八里湾,梦中好家园。天蓝地绿荷花香,风景如画赛江南……"这是 2015 年以来网络上热播的一部 MTV《美丽八里湾》,制作者是山东省选派到东平湖畔八里湾村的"第一书记"周广科。他说:"要淋漓尽致地展现八里湾环境优美、民风淳朴的'江北渔乡'新景象,东平湖是最好的背景选择!"

(四)"小洞庭"呼唤长效治理

东平湖的生态故事还没有结束。

采风过程中,东平县各级都纷纷提到"壮士断臂"一词。原来,该词背后还有着库区移民"二次牺牲"的隐痛。

1958 年,东平湖滞洪区确定改建为东平湖水库后,山东省组织工程占用区内的群众大规模移民,共迁出 27.83 万人。后因种种原因,移民大批返乡。截至 2012 年年底,东平湖水库移民涉及东平县 14 个乡镇(街道),468 个行政村,24.5 万人。其中,无地移民村涉及 8 个乡镇(街道),共 54 个村,4.6 万人。

为解决返乡移民群众的温饱问题,山东各级党委、政府先后实施了两轮综合治理开发和移民开发工程,培植发展了一批水产养殖、畜牧养殖、农副产品加工等脱贫增收项目,使移民群众逐步过上安定的生活。

如今,为了实现南水北调水质和东平湖生态要求,部分支柱产业关停、撤减,库区移民生活再次面临困难。

作为全国人大代表,曹金萍在 2013 年全国两会上提出了《关于对南四湖、东平湖实行生态补偿的建议》,并说:"因渔业清理涉及人员众多、成分复杂,渔湖民转产后期扶持政策必须尽快跟上。不然,势必影响清理效果,造成反复,也不利于社会和谐稳定。"

为实现湖区传统种养业能够"清得掉、转得出、稳得住",东平县编制了《东平湖生态渔业发展规划》,希望通过保护东平湖生态、打造"东平湖生态鱼"品牌,将东平湖区建成有机水产品生产基地,带动相关产业发展,为渔民提供更多的就业岗位,增加渔民群众收入,同时保持湖区国家Ⅲ类水质标准,促进东平湖区科学、和谐、持续发展。

2015 年,东平县还经过专项摸底调查,出台了《东平湖库区移民脱贫培训就业工程实施方案》,通过帮扶和技术培训,积极引导移民群众转产,从事核桃种植、面点加工、渔家乐、发展旅游项目等,促进库区群众增收。

加强管理也必不可少。何振泉在 2016 年年底调研时也指出:"要进一步完善政策机制,不断研究谋划,加强协同配合和宣传引导,推进由'集中整治'向'长效管理'转变。"

但由于东平湖区域市县经济发展相对落后,地方财力不足,实施"清、转、稳"难度较大。曹金萍为此建议,"将东平湖区域纳入国家重点生态功能区范围,实行中央均衡性转移支付补助,以确保南水北调东线水质,充分发挥工程效益"。

针对长效治理存在的困难,东平县环保局也殷切建议:建立东平湖生态补偿机制,设立东平湖生态功能保护区管理机构,立项实施东平湖洪水调蓄生态功能保护区项目,加大库区扶贫支持力度等,让"小洞庭"长治久清。

东平县委书记赵德健说:"我县库区在移民、占地、治污、转产等方面付出了巨大牺牲,而且有些牺牲还将长期持续,因此建立一个'生态环境效益共享,建设保护成本共担,经济社会协调发展'的公平生态补偿机制,不仅十分必要,而且极其紧迫。"

三、大美河口：不废长河万古流

9 月的黄河口，葱茏辽阔，众物丰茂。东方白鹳正在高耸的巢中打理羽毛，静谧的河口湿地碧波万顷，一派和谐，自然本然。

河口湿地

长河入海，万川归流，滞沙成地，生生不息，续写着千百万年来填海造陆的传奇。

"下游的黄河三角洲要做好保护工作，促进河流生态系统健康，提高生物多样性。"随着黄河流域生态保护和高质量发展重大国家战略的全面启程，黄河入海流迎来新的高光时刻……

（一）大河息壤黄河口

黄河河口通常指以山东省东营市垦利区宁海为顶点,北起徒骇河口,南至支脉沟口之间的扇形地域以及划定的容沙区范围。

自然时期,受黄河巨量来沙和较弱的海洋动力影响,河口流路长期处于淤积、延伸、摆动、改道的频繁变化状态之中。1855年黄河改道流入渤海以来,经过9次大的流路变迁,逐渐形成了如今广阔的黄河三角洲。黄河携来的丰富水沙和营养盐物质,加上适宜的气候条件,造就了这片中国暖温带最年轻、最广阔、保存最完整的滨海湿地生态系统和著名的莱州湾渔场。

从空中俯瞰,这片年轻的大地上,有着一条条微微隆起的、偶尔露出黄沙的地带,那就是黄河100多年来入海所走过的道路——三角洲上的黄河故道。自北向南,依次是徒骇河故道、旧刁口河故道、铁门关故道、刁口河故道、神仙沟故道、毛丝坨故道、现行清水沟流路、甜水沟故道、朱家坨子故道和支脉沟故道。

一条条故道犹如芭蕉扇上的脉络,汇集于扇子柄的顶点——宁海。

随着胜利油田的开采、开发及经济社会的发展,这一条条脉络间,逐步诞生并集中了垦利、广饶、利津的50余个乡镇、1000余个村庄,更有数不清的钻塔、油机林立其间。

1976年5月,黄河入海口人工改道至清水沟流路。通过修筑防洪堤、控导、导流坝及清淤等工程措施与非工程措施,黄河已在现行流路范围内安然行水44年,改变了过去河口地区"十年一改道、三年两决口"的历史。

20世纪70—90年代,河口地区经历了断流剧痛。当黄河断流至河南开封柳园口时,黄河口的概念已然消失,黄河成了无尾之河。失去了淡水的滋润,河口湿地不断萎缩,土壤盐渍化加剧,动植物减少,生态环境急剧恶化。

那是用手丈量河床上龟裂的口子有多宽的日子,是去河边蹲着等待黄河水的日子,是一亩地收不够百十斤粮的日子,是柽柳大片消亡的日子,是飞鸟哀鸣而去的日子……这样的日子黄河口人再不愿重复,但从没有忘记。

从1999年3月起,黄委开始实行黄河水量统一调度,通过行政、经济、法律、工程、技术等多种手段,不断强化水资源管理和调度,让断流的噩梦再未重演。

而今,生态保护与建设的理念已从诞生逐步走向成熟,开始为河口地区生态恢复与治理保驾护航。"河口生态需水目标研究最初是以利津断面作为河口代表纳入黄河下游生态环境需水研究,着重河流最小生态需水、河流输沙用水、河流污染防治与输送,兼顾近海海域生态需水。"黄河水利科学研究院(简称黄科院)黄河河口研究所副总工于守兵说。

人们开始从生态的角度考虑河口的需求,让活下来的河口活得更好。

(二)全面保护新时代

作为河口地区的核心地带,黄河三角洲国家级自然保护区总面积15.3万公顷,主要保护对象为黄河口新生湿地和珍稀濒危鸟类。

"多年来,我们坚持保护优先、自然恢复为主,全面加强自然生态系统保护,推进湿地生态系统修复。"保护区管委会主任苟宏水说。2019年习近平总书记提出"实施水源涵养提升、水土流失治理、黄河三角洲湿地生态系统修复等工程,推进黄河流域生态保护修复"的重要指示后,保护区从保护与修复同步入手、快速行动。

据苟宏水介绍,通过实施退耕还湿、还滩,全力实施环保专项整治,强化海域执法,保护区实现了依法治区;同时,加强与科研院所的合作,与中国科学院烟台海岸带研究所建立了黄河三角洲滨海湿地生态试验站,与北京师范大学建立了黄河口湿地生态系统野外科学观测研究站,并与北京师范大学、中国科学院烟台海岸带研究所联合实施了盐地碱蓬、海草床和牡蛎礁恢复等重大科研课题,实现了生态保护系统研究,并通过推进实施科研攻关和成果转化,为保护区实施生态保护提供了强有力的科技支撑。

在修复方面,用生态的方法解决生态问题,创新湿地修复模式。对于淡水湿地,通过水系连通,疏通黄河漫滩遗留沟汊,恢复湿地与黄河水的交流,恢复洼地,促进水系微循环,形成了水系连通大循环、促进鱼类等水生生物繁衍生息、保育原生植被、构建多样化鸟类栖息地为主要内容的黄河三角洲湿地保护与修复模式;对于盐沼湿地,不改变原有的河流水系、地形地貌,而是从营造原有物种发芽生长条件入手,成功种植"红地毯"即盐地碱蓬,探索修复海草床和牡蛎礁;对于有害物种互花米草的治理,全部采用物理模式,从阻断植株向根部输送氧气入手,采用翻耕加围坝水淹、多遍连续翻耕形成泥水隔气层、人工挖除多种方式,已初见成效。

同保护区一样,在重大国家战略引领下,快速行动、落地有声的还有黄河三角洲生态保护和高质量发展研究中心。

2019年12月27日,东营市政府与黄科院签约共建黄河三角洲生态保护和高质量发展研究中心,旨在开展黄河三角洲综合治理、生态保护和服务经济社会发展的相关研究,促进科技成果转化及配套技术应用,提供战略规划和决策建议。

一年来,黄河三角洲生态保护和高质量发展研究中心按照建设方案,启动生态—水文野外科学观测研究站、河口数学模型系统平台、智慧黄河三角洲大数据平台的可行性研究;围绕流路与海岸稳定、行水格局优化、环境灾害预警等领域重点科学问题,参与水利部流域水治理重大科技问题研究项目"黄河下游滩区与河口治理战略研究";实施重点调研课题"利于黄河河道防洪、生态保护和工农业布局的行水格局调查研究";提出"黄河三角洲(东营)生物多样性调查工作建议";此外,还联合中国科学院烟台海岸带所、山东大学、济南大学等18所高校院所实施合作项目23项,开展了春季生态需水研究、生态保护移动应用技术研究、湿地景观格局演化及其驱动机制研究等方面的工作。

"在重大国家战略的引领下,贯彻新发展理念,切实加强科学研究,才能更好遵循自然规律和客观规律,指导改善生态环境,促进高质量发展。"山东省黄河三角洲可持续发展研究院管理中心副主任张凌燕表示。"黄河三角洲地区研究力量薄弱,唯有集聚流域内相关科研力量和创新资源,开展全面、深入的研究,才能为制订实施具体规划、实施方案和政策体系提供有力支撑。"

在中国科学院黄河三角洲滨海湿地生态试验站,笔者见到了12座用于研究生态农业新模式的生境岛。跟随中国科学院烟台海岸带研究所科研人员李培广,笔者登上了其中一座岛。

据李培广介绍,通过微地形改造,他们构建了12座高度不等且坡度各异的生境岛和湖面,总面积约200亩,其中水域、坡面和岛顶的面积比例约为3:2:1。在每个生境岛之间,挖深度为2~3米的人工湖作为集水区,蓄集淡水,形成不同水深的水生生境。湖内挖出的土壤用于构建生境岛,其中9座生境岛高度为1.2米,3座为1.5米。岛顶为平面,通过堆高相当于降低了地下水位,使土壤返盐得到抑制,可促进土壤自然脱盐,防御季节性涝害,形成了高度不同的旱生生境。生境岛的坡面为坡度不同的缓坡,坡面与水域距离不同,将导致土壤含水量和盐分的不一致,在坡面形成了坡度各异的湿生和中生生境。各个生境岛之间用土桥相连,便于观测人员对各区域进行考察,每个土桥下水域中埋设80厘米口径的玻璃钢管,用于连通水系。水域可以蓄集降雨,用于生境岛灌溉,实现土壤淋盐保水功能,并能促进陆域与水域的物质循环,同时营造出了水生—湿生—旱生和不同水深的生境。生境的多样化将导致景观多样性和食物网复杂性,既能满足生态保育的功能需求,又可为发展多样化农业生产模式提供物质基础。

在其中一座岛上,笔者既看到了精心种植的枸杞,也看到了自然生长的盐地碱蓬。"这个研究主要针对三角洲滨海盐土地下水位浅且矿化度高、干旱盐碱与淹水涝渍双重胁迫、区域淡水资源匮乏等障碍因子,基于空间协调和物质循环模式,突破传统种植业,向湿地生态农业转型,构建了黄河三角洲滨海盐碱湿地的生态农业新模式,尝试打造适合滨海盐土生态功能恢复和产能提升的'盐碱地生态农牧场'。"李培广介绍说。

笔者在这一方小小的试验站内看到了生态保护与高质量发展努力寻找着它们的平衡点,并正在悄然描摹着等比例放大、美好的明天。

(三)生态补水活棋来

回望过去的一年,对于黄河口来说,最大的欣喜莫过于生态补水。

黄委结合汛前水库腾库迎汛,开展防御大洪水实战演练,将生态调度促进黄河三角洲生态修复作为重要目标之一,通过提前编制生态补水方案,疏浚补水通道,全面打开了生态调度空间。6月26日8时,现行入海通道清水沟流路北岸1号闸率先过流;6月29日16时,故道刁口河流路开始生态补水;7月17日,集中生态补水结束,共计21天。

黄委水调局副局长程艳红告诉笔者,此次大流量下泄为黄河三角洲和近海地区生态环境带来"输血型"改善,补水流量大、总量多、速度快、效果好,均创历史之最。全程共计补水1.55亿立方米,较近10年均值增加237%,是2008年以来补水总量最多的一年。通过刁口河流路首次向黄河三角洲自然保护区核心区补水,改变了以往单一现行入海流路区域生态系统良性维持困难的局面。据综合监测显示,黄河三角洲水面面积达5.9万公顷,较本次补水前增加了0.49万公顷;大流量生态补水期间,地下水位抬升明显,局部抬升高达1.4米;营养盐入海氮通量和总磷通量均为近5年来同期最高,近海低盐度区面积扩展至 10 万公顷以上;河海交汇线向外最远扩移达 23 千米,大大遏制了海水倒灌破坏湿地生态系统的趋势,减缓了土壤盐碱化及次生盐渍化进程,增强了黄河三角洲湿地生态系统的自然修复能力。

更为可喜的是,消失 20 多年的黄河鲥鱼再次现身河口近海水域,昭示着持续多年的淡水补给已使黄河河口及近海海域生态环境得到了明显改善。

集中补水结束后,8 月 26 日至 9 月 17 日,刁口河流路又开展了本年度第二轮生态补水。山东河务局先后启动崔家护滩取水工程罗家屋子闸、西河口护滩取水工程神仙沟闸两条刁口河补水线路,渠首工程合计输水 2528 万立方米,使刁口河流路时隔多年再次实现输水入海,入海水量达 375 万立方米。

截至目前,黄河三角洲湿地本年度已实现生态补水 1.8 亿立方米,补水量创历年新高,对促进黄河三角洲湿地生态系统保护和河流生态系统健康、近海生态环境及生物多样性改善起到了巨大作用。

在东营市旅游开发有限公司负责人周立城的微信朋友圈里,几乎每天都能看到黄河口生态旅游区的"上新":黄河口特色研学游、黄河铁人三项冠军赛、新上岗的电动观光车、"黄河入海流"主题 VR 体验、直升机空中游览……而这一切都围绕一个主题——既保护自然环境又实现高质量发展。

"我们的旅游项目以观赏类的为主,目的就是为了确保旅游区内的自然环境不受到破坏。"在周立城看来,保护的举措不仅对旅游业没有负面影响,反而还有促进作用。"虽然为了保护环境园区不能建酒店、餐饮,可能让住宿、餐饮这块的短期利益受到了影响，但是因为守住了河口湿地的原生态，就像一块处女地，长远的生态效益、社会效益包括经济效益都是非常可观的。"

正是保护措施产生的相对制约促进了景区对长远发展的思考：在保护的基础上谋求发展，必须要把理念提档升级、把设施提档升级、把服务提档升级。"我们不光有观赏、游玩类项目，还有附加产品，'黄河之水''黄河之酒'及大米、大闸蟹等农产品我们也在开发。什么是高质量发展？带动周边老百姓一起富裕，带动乡村振兴，这才是高质量发展。"周立城说。

高质量的发展需要高瞻远瞩的战略。"急需在新时期国家系统治水理念指导下，结合未来水沙情势、黄河综合治理战略与河口地区经济社会发展需求，统筹河口地区防洪保安、生态保护和经济社会发展，完善以黄河为主轴、以两岸三角洲生态、滨海盐渔、内陆农田和城市景观为重点的'一轴四区'治理开发格局，统筹河、陆、海系统治理，提出新时期河口治理开发战略。"黄科院黄河河口研究所所长窦身堂已是踌躇满志。

从疲于应付改道带来的灾害，到凭借协作与智慧遏制断流之痛，从保障最小生态流量到补水量创历年新高，河口治理一路蹒跚而来，有停滞、有踏步、有奔跑，也有跳跃。这其中有时代变革的影响，有技术革新的硕果，而贯穿其间的正是从"发展"到"绿色发展"的嬗变。

面对新的嬗变需求，一些新问题、新思考亦在筹谋之中。"过去，黄河每年3月下旬和4月上旬的桃汛洪水能够扩展鱼类栖息地，刺激鱼类洄游和产卵，并为近海带来丰富的冲淡水和营养物质。如何通过水库调节塑造类似自然条件下桃汛洪水生态功能的洪水脉冲尤为重要,同时,脉冲时机、历时、峰值的合理确定需要加强指示物种对天然径流过程的生态响应研究。"于守兵对河口生态需水的研究仍在进行。

中国海洋大学海洋地球科学学院院长王厚杰表示,黄河流域生态保护和高质量发展上升为重大国家战略以来,黄河口作为这一重大战略的关键一环,一年来发生了许多积极的变化,同时也要看到,黄河生态系统是一个整体,以往有关河口生态系统的研究往往关注河口对于流域变化的被动响应,而在黄河流域生态保护和高质量发展上升为重大国家战略的背景下,如何从河口生态保护与高质量发展的角度提出流域水库调控的优化方案,将为今后河口生态系统研究提供新的视角。

同时,如何采取工程措施进一步稳定黄河入海流路、优化三角洲生态补水工程、实施水系连通工程及开展近海水环境与水生态一体化修复等,也需要新的解答。

大河奔涌,拥抱大海。理性睿智驱动着未来,必将书写大美河口新时代!

四、扬万里波涛 咏绿色颂歌

——黄河不断流 20 年之际

从频繁断流、几入绝境,到河畅其流、水复其动,焕发生命色彩;

从生境退化、物种减少,到禾绿果香、鸟飞鱼跃,捧出青绿画卷;

从邻封焦渴、万众翘望,到大局为要、送水驰援,托起生态高地;

……

20 年,经过一次次精心、精细的调度,黄河恢复生机与活力,支撑流域绿色发展,助推流域外重点地区生态建设,水到之处,河山一派锦绣。

(一)统一调水 维护黄河健康生命

"生态灾难正悄悄降临在千年长河的身上……养育了世世代代华夏子孙的母亲河……就像一位白发苍苍疾病缠身的老人,伸出了那双勤劳的长满老茧颤抖的双手,正艰难地向我们走来。"

这是《拯救黄河》制片人刘春的倾诉。时隔 19 载,依旧感受到当时的切肤之痛。

有关专家指出,河流本身就是重要的生态系统,而且强烈地影响着陆地生态系统,它可以使之更适合人类的生存发展,也可以使之成为生命的禁区。

正如此言,因为断流,河口湿地面积萎缩半数,渤海浅海生物链断裂,三角洲草甸植被向盐生植被退化,很多鱼类、鸟类绝迹。

黄河断流原因诸多,其中供需失衡是重要的因素之一。专家呼吁,要留下足够的水用于维持河流生态系统的基本需要,同时也维持母亲河作为一条入海大河的生命与尊严。

随着"生态水"概念的提出,1998 年 12 月,国务院批准了生产、生活、生态兼顾的《黄河可供水量年度分配及干流水量调度方案》。根据国务院授权,黄委自 1999 年 3 月起正式实施黄河水量统一调度。

春的消息已经来临,但通向春天的路并不平坦。

20 年来,特别是开始水量统一调度的最初几年,黄河来水量持续偏少,并几度遭遇特枯年份,全河多次出现严重断流危机。如 2000 年 6 月下游利津水文断面流量仅 5 立方米每秒;2001 年 7 月 22 日 8 时中游潼关水文断面流量只有0.95 立方米每秒;2004 年 6 月上游头道拐水文断面 3 次跌至预警流量。

黄河属资源性缺水河流,调度本身已经繁难,加之连年枯旱,经济社会发展刚性用水需求加快,河道不断流如何实现?

在党中央、国务院的亲切关怀下,在水利部的正确领导下,面对我国第一个由国家分配初始水权、最早实施统一调度、调度河段最长、用水矛盾特别突出的河流,黄委站位全局,加强领导,迅速组建机构,认真研究制订年度调度方案和应对枯水、严重旱情的应急预案,统筹协调沿黄各省(区)及有关单位之间的用水利益关系,负衡据鼎,砥砺前行。

志之所趋,无远弗届。当春风啄尽最后一块寒冰,黄河终于睁开眼睛,开始了生命的流淌。

经过多年的调度实践,"河道不断流"成为黄河生命健康的重要指标之一。为实现不断流目标,在调度上,黄委精心预测、滚动测报,科学研判、实时调度,加强调度系统的建设与应用,努力提高各类技术支撑;在管理上,强化监督检查,着力构建法律制度、指标标准、技术支撑、执行保障等管理体系,敦促各省(区)推进节水建设,积极防范、处理各类水量调度突发事件,甚至冒着生命危险,心怀大河,星夜兼程。

随着水量调度的持续深入,黄委还将调度范围由下游延伸至全河,从干流拓展到支流,不断推动黄河水资源由权属管理向配置管理,由粗放管理向精细管理,由静态管理向动态管理,由以水量管理为主向水量水质联合调度管理转变。

进入新时代,黄河水量统一调度向纵深发展。根据国务院、水利部部署,经充分准备,2017—2018 年,黄委在黄河下游河段展开生态流量试点,先后实施了黄河下游鱼类生态敏感期的生态流量调度,黄河下游生态廊道功能维持生态流量及鱼类栖息地、湿地生态敏感期的生态流量调度,进一步提升黄河水资源综合管理和水量统一调度能力。自 2019 年开始,黄委还对干、支流 8 个重要断面专门提出生态基流要求,积极开展生态流量研究与监管工作,逐月对各断面生态流量达标情况跟踪评估,以强化黄河生态保护,促进功能性不断流目标,力争实现黄河健康。

据统计,黄河水量统一调度以来,利津年均入海水量 151 亿立方米,其中,非汛期利津年均入海水量 73 亿立方米,保证了下游河道生态系统功能的发挥,使黄河真正起到了连通流域内各种生态系统斑块及海洋的生态廊道作用;黄河水质也稳定向好,2015—2016调度年以来,干流12个监测断面接近或全部达到水质目标,千年大河重放生命光华。

(二)生态补水　打造流域发展底色

"万顷空明,风吹芦苇,蓝天碧水相映生辉……波光浩渺,四季轮回,落霞染色鱼儿戏水……"

听到这曲《乌梁素海梦里的天堂》,很多人会为其陶醉、心生向往。笔者想到的,却是黄河实施生态补水"救命"乌梁素海。

人类社会的发展实践证明,如果生态系统不能持续提供资源能源、清洁的空气和水等要素,物质文明的持续发展就会失去载体和基础,进而整个人类文明都会受到威胁。这正是乌梁素海的写照。

乌梁素海地处内蒙古西部,是全球范围内干旱草原及荒漠地区极为少见的大型湖泊、地球同一纬度最大的湿地、欧亚大陆鸟类迁徙的主要通道。然而,随着区域经济社会发展,湖体污染叠加,湖面急剧萎缩,生物栖息地丧失。

乌梁素海牵动中南海。2018年3月5日,习近平总书记做出重要指示,"加强呼伦湖、乌梁素海、岱海等重点湖泊污染防治"。

在近年来充分利用黄河凌汛期和灌溉间歇期对乌梁素海实施补水的基础上,黄委加强凌情、水情和骨干水库蓄水研究,利用较好的来水条件,相机向乌梁素海实施生态补水。到2019年7月共补水9.04亿立方米,相当于把湖水整体置换近两次,湖泊水域面积增加,水质较上年同期明显改善,湖区自净能力提高,鱼类、鸟类数量均有所回升。

其实,黄河流域的引黄补水工作由来已久。进入新时代,随着我国社会主要矛盾的变化,人民对美好生活的需要日益增长,引黄补水的生态意义也更为突显。其中,补水频次最多、补水面积最广、受益人口最多的项目当数引黄灌区。

据统计,目前我国引黄总灌溉面积达 1.26 亿亩,为新中国成立初期的 10 倍,占全国灌溉面积的 12.4%。2018 年金秋时节,笔者从青海沿黄而下直至山东,引黄灌区里,梯田披绿,平原铺锦,葵花含笑,水稻领首,玉米葱郁,瓜果飘香,到处都是丰收、炫丽的景象。

为保障灌区补水,黄委一次次精心筹措水源,精细实施调度,精准应对旱情,挺起了国家粮食安全的脊梁,也使灌区发挥了重要的防风固沙、改良土壤、涵养水源、修复生态等功用。如甘肃景泰川引黄提灌工程建成后,茫茫荒滩逐步变为万顷良田,灌区内条田成方、绿树成行,形成防风固沙的天然屏障,灌区风速大大降低,年蒸发量减少 1000 余毫米。随着引黄灌区生态功能的不断显现,很多灌区还创建为国家水利风景区,为人民群众提供了良好生态环境和最普惠的民生福祉。

黄河断流,河口首当其冲。作为母亲河的生命符号、黄河健康生命的晴雨表,河口在 1972—1999 年的 28 年间曾断流 22 年,其生境和物种均向世界发出红色预警。如今,河口怎么样了?

在河口湿地 30 多米高的远望楼上笔者看到,连绵不绝的芦苇铺向天边,一片片湛蓝的水面波光流转,成群结队的鸥鸟在一望无际的海天里翱翔。

据了解,2003 年以来,黄委在尽量满足生活、生产用水的同时,通过联合调度骨干水库,有计划地增加河口地区生态环境用水,并针对鱼类产卵期及洄游时段加大下泄流量;2007—2008 年度,黄委首次实施黄河下游生态调度,重点是满足河口三角洲湿地生态系统用水;2009—2010 年度,还将生态补水范围扩展到黄河故道刁口河尾闾,使停止行水 34 年的刁口河重新受到母亲的眷顾。

经过生态补水,河口湿地恢复区的明水水面由 15%增加到 60%;湿地芦苇面积达到 30 多万亩;区域内有各种动植物 1900 余种,鸟类数量达数百万只,湿地生态系统实现良性恢复。

笔者从黄委水调部门了解到,2018—2019 调度年,黄委考虑水情较好的有利条件,经水利部批准,首次专门分配 20 亿立方米水量用于各省(区)河道外湖泊湿地,为实施生态补水预留了指标。

大河汤汤流不断,在黄河的深情哺育、滋养下,流域山川大地浴水而兴,绘出万里澄碧。

(三)跨域送水　浇筑美丽中国拼图

母亲的恩泽并未局限于流域之内,她还牵系着更远的远方。

黄委水调局水调处处长可素娟告诉笔者,黄河水量统一调度分河道内和河道外两部分。河道外的调度除流域用水外,还有更大尺度上的跨流域送水。

时间回溯。2010 年 4 月 2 日,甘肃省民勤县发生特强沙尘暴,风沙过处犹如世界末日,直接经济损失逾 9.37 亿元。

民勤地处石羊河流域下游,东、西、北三面被腾格里和巴丹吉林两大沙漠包围,各类沙漠及荒漠化面积占全县面积的89.8%,在地理和环境梯度上处于全国荒漠化监控和防治的前沿地带,在全国生态格局中具有举足轻重的地位。

在党中央关怀下,治理石羊河、抢救民勤的战役全面打响。作为中华民族的母亲河,黄河在"家底不足"的情况下,依然精打细算水账,通过远距离调水,向民勤伸出了生态援手。

据统计,2001年至2019年6月底,甘肃省通过景电工程累计从黄河向民勤调水13.82亿立方米,形成106平方千米的旱区湿地。在水资源的支撑下,通过大规模生态治理,民勤的荒漠化和沙化面积呈逐年减少趋势,整体处于遏制、逆转趋势,与消失的"罗布泊"渐行渐远。

像这样的跨流域送水,还有引黄济青(青岛)、引黄济津、引黄入冀等。因送水路程远、送水时间长、黄河含沙量高,送水期与防汛、防凌、农业灌溉高峰交叉等,每次送水都无异于一场鏖战。而其中最大的困难,还在于黄河水量"先天不足"。

据了解,黄河水量统一调度的20年间,除2005—2006年度、2012—2013年度黄河来水量达到多年均值之外,其余年份均偏少,其中2013—2014年度、2015—2016年度,缺口高达45.25亿立方米和53.08亿立方米。在此条件下实施跨流域水量调度,是输水,也是输血,充分体现了社会主义制度的优越性,以及中华民族血脉相连、同舟共济的大义与情怀。

为确保顺利送水,在有关各方密切配合下,黄委制订了全河大跨度接力式调水方案,远距离筹集水源;滚动分析凌情、水情和沿程用水需求,加强与受水地区沟通,跟踪水流演进情况,实时调整调度指令;实行水量调度例会制度,及时研究、解决调度中存在的问题;加强对干、支流和重点入黄排污口的监测、检查,确保送水水质。在特殊年份,黄委主要领导还亲笔致函上游省(区),通报水量调度情况,提出严格按照水调指令控制用水,请求协助做好调水工作。

引黄闸门一次次打开,宝贵的黄河水跨过流域版图,送往海河、淮河等流域,缓解了生活、生产、生态用水危机,为当地经济社会发展"起搏"、助力,并浇筑出了一块块"美丽中国"的重要拼图。白洋淀便是其中极为亮眼的一块。

白洋淀位于河北境内,是我国海河平原上最大的湖泊,以大面积芦苇荡和千亩连片的荷花淀而闻名。最近几十年,白洋淀连续出现干淀现象,并有大量污水进入,生态环境遭到严重破坏。

2006年,黄委首次实施引黄济淀应急生态调水,此后逐年持续送水,为缓解干淀威胁,保证淀区生态环境安全和华北地区生态平衡提供支持。

黄河与白洋淀更深的缘分还在后面。2017年,中共中央、国务院决定设立国家级新区雄安新区,白洋淀就位于新区之中。按照习近平总书记指示,雄安新区要打造优美生态环境,构建蓝绿交织、清新明亮、水城共融的生态城市。作为生态雄安的重要水支撑,引黄入冀补淀也随之上升为国家战略工程。

经过艰苦奋战,2017年11月,引黄入冀补淀工程试通水,汩汩黄河水从河南濮阳出发,沿着新完工的引黄入冀补淀工程线路,经过482千米跋涉奔向白洋淀。该工程年均引黄水量 6.2 亿立方米,其中白洋淀生态补水 1.1 亿立方米,重现天水相连、苇绿荷红、水草丰美、鱼鸟成群的生态胜景。

岁月不居,时节如流,转眼 20 年过去。这 20 年对于黄河来说,是探索,是重生,也是升华。作为世界上最复杂难治的河流,黄河断流之治及其调度成效,已成为水资源统一管理史上的丰碑,为我国也为世界缺水河流解决复杂的水资源问题树立了典范,充分展示了中国政府的执政能力。

大河滔滔今又是,换了旧颜色,锦绣满河山。